一体化课程教学改革系列教材——烹饪专业

中式烹调基本功训练

ZHONGSHI PENGTIAO JIBENGONG XUNLIAN

主 编 郑 昕 郑庆元
编 委 邓永宏 汪雪东

西南交通大学出版社
·成都·

图书在版编目（CIP）数据

中式烹调基本功训练 / 郑昕，郑庆元主编. —成都：西南交通大学出版社，2017.5（2019.7 重印）
一体化课程教学改革系列教材. 烹饪专业
ISBN 978-7-5643-5406-0

Ⅰ.①中… Ⅱ.①郑… ②郑… Ⅲ.①中式菜肴－烹饪－教材 Ⅳ.①TS972.117

中国版本图书馆 CIP 数据核字（2017）第 088125 号

一体化课程教学改革系列教材——烹饪专业

中式烹调基本功训练　　主编　郑　昕　郑庆元

责 任 编 辑	李　伟
特 邀 编 辑	张芬红
封 面 设 计	何东琳设计工作室
出 版 发 行	西南交通大学出版社 （四川省成都市二环路北一段 111 号 西南交通大学创新大厦 21 楼）
发行部电话	028-87600564　028-87600533
邮 政 编 码	610031
网　　　址	http://www.xnjdcbs.com
印　　　刷	四川煤田地质制图印刷厂
成 品 尺 寸	210 mm×285 mm
印　　　张	11.75	字　　数	352 千
版　　　次	2017 年 5 月第 1 版	印　　次	2019 年 7 月第 4 次
书　　　号	ISBN 978-7-5643-5406-0		
定　　　价	28.00 元		

课件咨询电话：028-87600533
图书如有印装质量问题　本社负责退换
版权所有　盗版必究　举报电话：028-87600562

深圳第二高级技工学校工学一体化课程配套改革系列丛书编委会

主　任：王海龙
副主任：张　文　余野军　罗德超
编　委：郭仲伦　马　跃　王朝武　周　烨
　　　　郭　伟　陈　群　尚　丽　陈飞健
　　　　闵国光　郑庆元　梁　健　张雅婷

前言 PREFACE

"中式烹调基本功训练"是烹饪专业（中式烹调方向）的一门实践性很强的必修专业课。本书为烹饪专业（中式烹调方向）一体化课程教学改革系列教材之一，融入了高等职业院校烹饪专业（中式烹调方向）的一体化改革成果，结合当前餐饮行业的生产实际，具有较强的实用性和针对性。本书从餐饮行业中式烹调岗位群的知识和技能要求出发，结合学生的综合职业能力培养、职业道德方面的要求，提出教学目标并组织教学内容。

本书结合餐饮行业中式烹调各岗位的实际情况，源于典型工作任务，设计了13个典型的学习任务，通过引导问题指导学生在完整的学习活动中进行理论与实践的一体化学习，在培养学生专业能力的同时，帮助学生了解真实的工作过程，实现一体化的教学目标。

本书由深圳第二高级技工学校策划，同时在张文副校长的主持下，编者历时三年深入深圳餐饮企业一线，结合餐饮企业中式烹调各岗位的实际工作需要编写而成，并经过学术委员会的审定，具有较强的实用性和规范性。参与本书编写辅助工作的还有深圳第二高级技工学校的李雅超、梁景谊、叶金钊、欧婧怡等老师。

在此特别感谢郭仲伦教授以及张雅婷老师对本书编写工作提出的意见和建议。同时，本书还得到了深圳市烹饪协会黄平会长、深圳紫荆山庄黄泰民总厨、深圳星河丽思卡尔顿酒店罗玉辉总厨、深圳益田威斯汀酒店余瑞填总厨等多位资深专家的悉心指导，在此一并表示衷心的感谢。

由于编写时间仓促，加之编写人员水平与能力有限，书中不足之处在所难免，敬请广大读者提出宝贵意见，以便今后进一步修订完善。

编 者

2016 年 11 月

目录 CONTENTS

学习任务一　厨房的组织结构与设备及工具认知	001
学习任务二　厨师基本职业素养及初级岗位职责认知	007
学习活动一　厨师基本职业素养认知	007
学习活动二　厨师初级岗位职责认知	012
学习任务三　烹饪基本原料认知	015
学习任务四　开收档	027
学习任务五　刀工与抛锅基础知识认知	033
学习活动一　刀具和砧板基础知识认知	033
学习活动二　刀法基础知识认知	041
学习活动三　炉灶基础知识认知	045
学习活动四　抛锅基础知识认知	049
学习任务六　火候与调味认知	054
学习任务七　刀工与抛锅基本功训练	058
学习活动一　直刀法与抛锅基本功训练	058
学习活动二　滚料切与抛锅基本功训练	062

学习活动三　丁粒料加工与抛锅基本功训练 ············· 065

　　学习活动四　切片法与抛锅基本功训练 ················· 068

　　学习活动五　斩刀法与抛锅基本功训练 ················· 071

　　学习活动六　平刀法与抛锅基本功训练 ················· 074

　　学习活动七　斜刀法与抛锅基本功训练 ················· 077

　　学习活动八　弯刀法与抛锅基本功训练 ················· 080

　　学习活动九　剞刀法与抛锅基本功训练 ················· 083

　　学习活动十　起刀法与抛锅基本功训练 ················· 086

学习任务八　料头制作 ··· 089

学习任务九　餐具配备与菜品装饰 ································ 094

学习任务十　水台初加工 ··· 099

　　学习活动一　鱼类的初加工 ··························· 099

　　学习活动二　虾及蟹的初加工 ························· 103

　　学习活动三　蔬果类原料的初加工 ····················· 107

　　学习活动四　禽鸟类的初加工 ························· 111

学习任务十一　初级菜肴制作 ····································· 116

　　学习活动一　尖椒土豆丝、香葱鸡蛋炒饭的制作 ········· 116

　　学习活动二　广州炒饭、扬州炒饭的制作 ··············· 120

　　学习活动三　生炒鸡粒饭、肉丝炒面的制作 ············· 124

　　学习活动四　韭黄炒米粉、肉片汤米粉的制作 ··········· 127

　　学习活动五　蒜蓉炒菜心、菜软炒生鱼片的制作 ········· 131

　　学习活动六　干炒牛河、煎酿豆腐的制作 ··············· 134

　　学习活动七　菜圃煎蛋、煎蛋角煮腐竹的制作 ··········· 138

  学习活动八 大良煎虾饼、煎酿椒子的制作 ……………………………………………………… 141

学习任务十二 基本干货涨发 …………………………………………………………………… 146

学习任务十三 上什 …………………………………………………………………………………… 151

  学习活动一 蒸饭、鸡蛋菜心粒炒饭的制作 …………………………………………………… 151

  学习活动二 咸蛋蒸肉饼的制作 ………………………………………………………………… 155

  学习活动三 豉油王蒸生鱼的制作 ……………………………………………………………… 158

  学习活动四 鱼片蒸鸡蛋的制作 ………………………………………………………………… 161

  学习活动五 豉汁蒸排骨的制作 ………………………………………………………………… 164

  学习活动六 花旗参炖乌鸡、杏元凤爪炖水鱼的制作 …………………………………………… 167

  学习活动七 淮杞炖乳鸽、瑶柱田鸡炖节瓜盅的制作 …………………………………………… 170

  学习活动八 西洋菜煲生鱼汤、节瓜章鱼煲猪蹄汤的制作 ………………………………………… 174

参考文献 ……………………………………………………………………………………………………… 178

学习任务一　厨房的组织结构与设备及工具认知

一、学习目标

完成本学习任务后,你应当具备如下能力:
(1) 准确查找厨房需具备的要素;
(2) 准确查找厨房的分类方法;
(3) 描述厨房各部门的职能;
(4) 准确绘制代表性厨房的组织结构图;
(5) 准确认知常用的厨房设备;
(6) 准确认知常用的厨房工具。

二、建议课时

3 课时。

三、内容结构(见图 1-0-1)

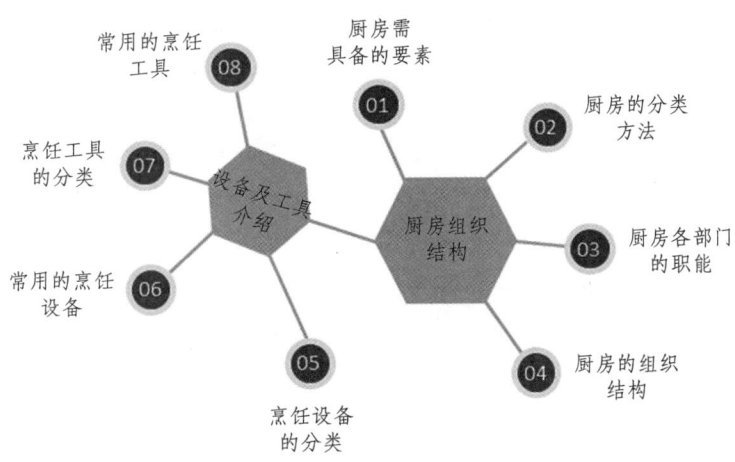

图 1-0-1　内容结构

四、引导问题

1. 厨房需具备的要素

① 一定数量的_____(有一定专业技术的厨师、厨工及相关工作人员);② 生产所必需的_____;③ 必需的_____;④ 满足需要的_____;⑤ 适用的_____。

2. 厨房的分类方法

（1）按厨房规模将厨房划分为：_____、_____、_____、_____。

（2）按餐饮风味类别将厨房划分为：_____、_____、_____。

（3）按厨房生产功能将厨房划分为：_____、_____、_____、_____、_____。

3. 厨房的部门

按职能将厨房的部门划分为：_____、_____、_____、_____、_____。

4. 厨房设备的分类

按设备用途将厨房设备划分为：_____、_____、_____、_____四大类。其中，烹饪制冷设备又可分为_____和_____；洗涤消毒设备又可分为_____和_____。

5. 烹饪工具的分类

烹饪工具：是在厨房进行原料的洗涤、加工、初制、调配、烹制和储存等过程中使用的各种器具的总称。根据使用场合的不同可将烹饪工具分为：_____、_____、_____。

> **小词典**
>
> 烹饪初加工设备：烹饪原辅材料在熟制前进行机械加工的设备。
> 烹饪热加工设备：对烹饪原辅材料进行加热、熟制等热处理的设备。

五、学习过程

（1）查阅资料，小组讨论完成厨房各部门的职能描述，填入表1-0-1，并进行小组展示。

表1-0-1　厨房各部门的职能

厨房部门名称	工作职能描述
加工部门	
配菜部门	
炉灶部门	
冷菜部门	
点心部门	

（2）查阅资料，小组讨论绘制五星级酒店厨房的组织结构图，并进行小组展示。

 小词典

厨房组织机构图：厨房各层级、各岗位在厨房当中的位置和联络关系的图表表现。

（3）查阅资料的同时前往实训室实地考察，小组讨论完成常用的厨房设备及工具认知，填写表1-0-2。

表1-0-2　常用的厨房设备及工具认知

图　片	名　称	分　类	二级分类

续表

图　片	名　称	分　类	二级分类

续表

续表

图　片	名　称	分　类	二级分类

六、评价反馈（见表 1-0-3）

表 1-0-3　学习活动评价表

考核项目	考核要求	分值	个人评价	组内评价	教师评价
职业素养 （30分）	（1）遵守实训室安全规定	3			
	（2）着装符合规范	3			
	（3）遵守考勤纪律	3			
	（4）保持学习环境干净整洁	3			
	（5）合理规范地使用工具和设备	3			
	（6）具有工作岗位的责任心	3			
	（7）有团队协作能力，主动参与小组讨论	3			
	（8）学习积极主动	3			
	（9）尊敬老师和同学，虚心听取意见	3			
	（10）工作完成后认真清理现场	3			
引导问题 完成情况 （10分）	（1）能正确使用网络、资料等学习资源	5			
	（2）能按要求回答引导问题	5			

续表

考核项目	考核要求	分值	个人评价	组内评价	教师评价
任务完成情况（35分）	（1）能正确理解学习任务的要求	4			
	（2）能准确描述厨房各部门的职能	8			
	（3）能准确绘制酒店厨房组织结构图	8			
	（4）能正确查询资料，完成常用设备及工具表格	10			
	（5）能根据学习内容进行拓展	5			
任务展示（15分）	（1）语言表达流畅、声音洪亮	5			
	（2）条理、思路清晰	5			
	（3）展示形式多样、有创新性	5			
作业提交（10分）	（1）能按时提交作业	5			
	（2）能按要求提交作业	5			
总分		100			
小组评语及建议	他（她）做到了： 他（她）的不足： 给他（她）的建议：		组长签名： 日期：		
老师评语与建议			评定等级或分数_____ 教师签名： 日期：		

七、学习拓展

利用课余时间前往实训室实地考察，选择三种以上课堂上未讲解过的烹饪设备及工具进行拍照，将照片打印后贴于空白处，并对烹饪设备及工具所属的类别进行准确描述。

学习任务二　厨师基本职业素养及初级岗位职责认知

 一、学习目标

完成本学习任务后，你应当具备如下能力：
（1）准确描述厨师职业道德的概念、内涵及内容；
（2）准确认知厨师基本职业素养的内涵及要求；
（3）准确认知中厨房主要的厨师岗位；
（4）准确描述厨房初级岗位职责（水台、打荷、帮什）。

 二、建议课时

6课时。

 三、学习流程与活动

（1）学习活动一　厨师基本职业素养认知
（2）学习活动二　厨师初级岗位职责认知

学习活动一　厨师基本职业素养认知

 一、学习目标

完成本学习任务后，你应当具备如下能力：
（1）准确理解职业及职业道德的概念；
（2）准确理解厨师职业道德的概念及内涵；
（3）准确查找厨师职业道德内容的构成；
（4）准确认知厨师基本职业素养的内涵；
（5）准确分析厨师基本职业素养的要求。

二、建议课时

3课时。

三、内容结构（见图 2-1-1）

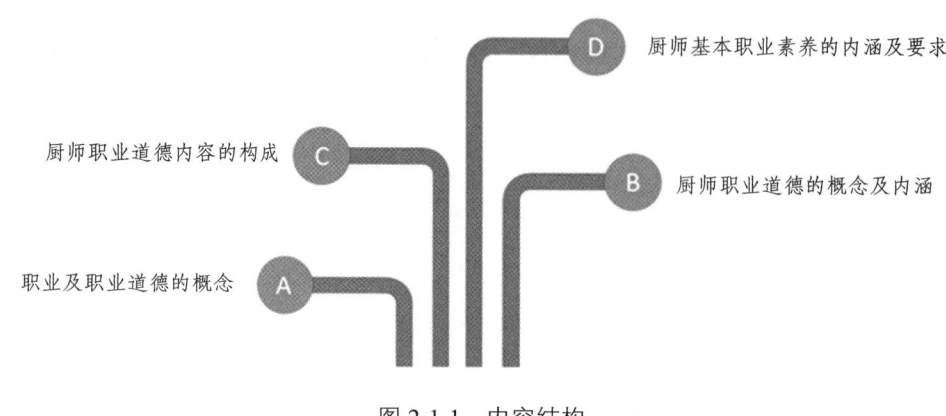

图 2-1-1　内容结构

四、引导问题

1. 职业的概念

职业是指人们由于社会分工而从事具有＿＿＿＿＿＿和＿＿＿＿＿＿并以此作为主要生活来源的工作。

2. 请你描述一下厨师这个职业

_____

_____。

3. 厨师职业道德的内涵

厨师职业道德是厨师职业思想、职业责任、职业纪律和职业技能的反映，其内涵具体如下：

（1）爱岗敬业、＿＿＿＿＿＿＿＿、＿＿＿＿＿＿＿＿；

（2）诚实守信、＿＿＿＿＿＿＿＿、＿＿＿＿＿＿＿＿；

（3）钻研业务、＿＿＿＿＿＿＿＿、＿＿＿＿＿＿＿＿；

（4）遵纪守法、＿＿＿＿＿＿＿＿＿＿。

4. 厨师基本职业素养的内涵

（1）具备较高的技能素质。

厨师是以制作符合＿＿＿＿＿＿和＿＿＿＿＿＿的食品，为客人提供饮食服务的＿＿＿＿＿＿；能够根据＿＿＿＿＿＿的性质特征，运用正确的＿＿＿＿＿＿，制作出符合当地风味特色或自己独特创新的菜肴，并且色、香、味、口感能受到客人青睐，有回味无穷的感受。

（2）拥有博学多才的知识。

随着人们对饮食质量的要求，给厨师带来的压力和挑战越来越大。这就要求厨师不仅要能够熟练地掌握和运用＿＿＿＿＿＿，同时还必须懂得烹饪原料学、＿＿＿＿＿＿、＿＿＿＿＿＿、＿＿＿＿＿＿、＿＿＿＿＿＿等知识。烹饪是一门综合性科学，厨师必须博学多才，见多识广。所谓厚积而薄发，方能赋予烹饪更多创造性的内涵和色彩。

（3）要有品行高尚的厨德修养。

由于厨师工作性质和环境的特殊性，使有些厨师和员工忽略了对自身形象的建设。要树立整体形象，提高个人的综合技术修养，要树立四个意识：_____、_____、_____、_____。

> **小词典**
>
> 职业道德：就是同人们的职业活动紧密联系的符合职业特点所要求的道德准则、道德情操与道德品质的总和，它既是对本职人员在职业活动中的行为标准和要求，同时又是职业对社会所负的道德责任与义务。
>
> 厨师职业道德：也称之为"厨德"，是指厨师在从事烹饪工作中所要遵循的行为规范和应具备的道德素养。

五、学习过程

（1）查阅资料，小组讨论完成厨师职业道德内容的构成，将讨论形成的关键词填入表 2-1-1，并进行小组讲解及展示。

表 2-1-1 厨师职业道德内容的构成

厨师职业道德内容	关键词
爱岗敬业、恪尽职守	
诚实守信、公正廉洁	
提高技艺、敢于创新	
遵纪守法、加强法制观念	

（2）查阅资料，小组从对待职业、团队意识、顾客、师长、厨艺等五个方面展开讨论，完成对厨师基本职业素养要求的具体描述，并进行小组展示。

小提示

厨师的职业守则：
- 具有良好的思想品德，作风正派，有较强的事业心和责任感。
- 热爱本职工作，坚守工作岗位，严格遵守操作规程，确保菜肴质量。
- 具有良好的心理素质，有宾客至上的职业道德观，能正确对待客人的投诉。
- 注意节约，杜绝浪费，不私吃或私拿集体的物品和食品。
- 热爱集体，诚恳待人，心胸开阔，助人为乐，要树立本身自尊、自重、自强的自豪感。
- 掌握食品卫生知识，搞好厨房的卫生，严格执行生产安全，了解消防知识。
- 讲究礼貌，工作时间内不吸烟，有良好的卫生习惯，树立员工对仪表仪容的认识。
- 站立姿势要端正，遇有主管部门或客人检查、参观厨房，应表示欢迎，不可端坐无礼。
- 工作时，不准与楼面工作人员随便嬉戏、闲聊、打闹。但时，要与楼面工作人员互相支持、帮助，在工作中要做到协调、配合、互相尊重、团结一致，完成本店的工作任务。

 ## 六、评价反馈（见表 2-1-2）

表 2-1-2　学习活动评价表

考核项目	考核要求	分值	个人评价	组内评价	教师评价
职业素养（30分）	（1）遵守实训室安全规定	3			
	（2）着装符合规范	3			
	（3）遵守考勤纪律	3			
	（4）保持学习环境干净整洁	3			
	（5）合理规范地使用工具和设备	3			
	（6）具有工作岗位的责任心	3			
	（7）有团队协作能力，主动参与小组讨论	3			
	（8）学习积极主动	3			
	（9）尊敬老师和同学，虚心听取意见	3			
	（10）工作完成后认真清理现场	3			
引导问题完成情况（10分）	（1）能正确使用网络、资料等学习资源	5			
	（2）能按要求回答引导问题	5			
任务完成情况（35分）	（1）能正确理解学习任务的要求	5			
	（2）能准确描述厨师职业道德内容的构成	12			
	（3）能准确描述厨师基本职业素养要求	18			

续表

考核项目	考核要求	分值	个人评价	组内评价	教师评价
任务展示 （15分）	（1）语言表达流畅、声音洪亮	5			
	（2）条理、思路清晰	5			
	（3）展示形式多样、有创新性	5			
作业提交 （10分）	（1）能按时提交作业	5			
	（2）能按要求提交作业	5			
总分		100			
小组评语 及建议	他（她）做到了： 他（她）的不足： 给他（她）的建议：		组长签名： 日期：		
老师评语 与建议			评定等级或分数_____ 教师签名： 日期：		

七、学习拓展

查阅资料，请对餐饮行业厨师仪容仪表规范进行描述，并正确着装拍摄一张职业形象照，打印贴在空白处。

学习活动二 厨师初级岗位职责认知

一、学习目标

完成本学习任务后，你应当具备如下能力：
（1）准确查找中厨房主要的厨师岗位；
（2）准确认知水台岗位职责；
（3）准确认知打荷岗位职责；
（4）准确认知帮什岗位职责。

二、建议课时

3 课时。

三、内容结构（见图 2-2-1）

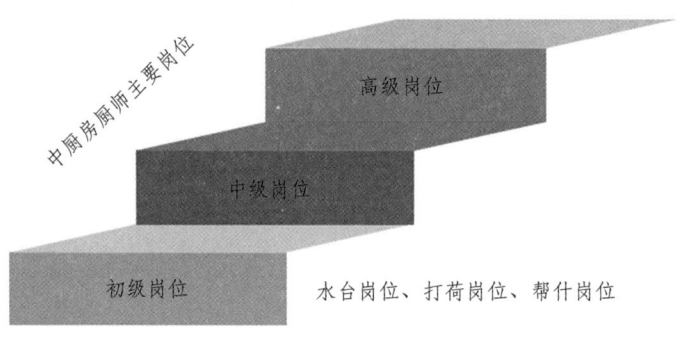

图 2-2-1 内容结构

四、引导问题

1. 中厨房厨师的主要岗位

根据岗位职能可将中厨房厨师划分为_____、_____、_____、_____、_____五大岗位。

2. 中厨房生产操作流程

（1）服务员或宴会部送_____入厨房；
（2）_____岗位按照菜单的菜式所需要的原料，做计划到食品仓库；
（3）采购进货、领回，分配各岗位做好一切准备工作；
（4）_____岗位配好菜式后，跟准_____，全部放置在_____；
（5）打荷岗位_____进行工作（如果是普通菜式，应该端出装载器皿，交给_____岗位烹制；如果是宴会，应在起菜前做好每个菜式的上粉、穿、攘、卷色、贴挤工作）。
（6）上菜时，应分_____、_____进行上菜，把_____岗位制好的成品加好菜盖，送到_____，由服务员送给客人。

3. 中厨房候锅岗位工作内容

候锅应该分为_____；头锅要技术全面，掌握各种菜式烹调，随时变换菜式，掌握各种菜式的售价、毛利的核算；候锅掌握和烹制日常及一切高级宴会、酒会的食品。

4. 中厨房砧板岗位工作内容

掌握和配制一切食品的_____，掌握_____的使用和_____的保管和使用，做好货源计划。

5. 中厨房上什岗位工作内容

负责熬制_____和掌握_____等五种烹调方法全面的技术操作；负责浸发_____。

6. 中厨房水台岗位工作内容

掌握_____各种动物的宰杀加工，能识别各种动物的肥、瘦、老、嫩、雌、雄以及_____的处理；掌握_____等五种操作方法以及各种动物的_____；掌握初步的精细加工，协助_____岗位工作。

五、学习过程

查阅资料，小组讨论完成水台、打荷、帮什等厨房初级岗位职责，将讨论形成的要点填入表 2-2-1，并进行小组讲解及展示。

表 2-2-1　厨房初级岗位职责的认知

岗位	重点及关键	工作职责
水台		
打荷		
帮什		

六、评价反馈（见表 2-2-2）

表 2-2-2　学习活动评价表

考核项目	考核要求	分值	个人评价	组内评价	教师评价
职业素养（30 分）	（1）遵守实训室安全规定	3			
	（2）着装符合规范	3			
	（3）遵守考勤纪律	3			
	（4）保持学习环境干净整洁	3			
	（5）合理规范地使用工具和设备	3			
	（6）具有工作岗位的责任心	3			
	（7）有团队协作能力，主动参与小组讨论	3			
	（8）学习积极主动	3			
	（9）尊敬老师和同学，虚心听取意见	3			
	（10）工作完成后认真清理现场	3			
引导问题完成情况（10 分）	（1）能正确使用网络、资料等学习资源	5			
	（2）能按要求回答引导问题	5			
任务完成情况（35 分）	（1）能正确理解学习任务的要求	10			
	（2）能准确描述厨房初级岗位职责	25			
任务展示（15 分）	（1）语言表达流畅、声音洪亮	5			
	（2）条理、思路清晰	5			
	（3）展示形式多样、有创新性	5			
作业提交（10 分）	（1）能按时提交作业	5			
	（2）能按要求提交作业	5			
总分		100			
小组评语及建议	他（她）做到了： 他（她）的不足： 给他（她）的建议：		组长签名： 日期：		
老师评语与建议			评定等级或分数＿＿＿＿＿＿＿ 教师签名： 日期：		

 ## 七、学习拓展

查阅资料，请对头砧、头锅岗位的工作内容进行描述。

学习任务三　烹饪基本原料认知

一、学习目标

完成本学习任务后,你应当具备如下能力:
(1)准确查找烹饪原料的概念及分类方法;
(2)知道烹饪原料常见的保管方法;
(3)描述烹饪原料品质鉴定的一般方法;
(4)准确查找蔬果类原料的分类及常见品种品质鉴选;
(5)准确查找水产类原料的分类及常见品种品质鉴选;
(6)准确查找禽畜类原料的分类及常见品种品质鉴选;
(7)准确查找干货类原料的分类及常见品种品质鉴选;
(8)准确查找调辅类原料的分类及常见品种品质鉴选。

二、建议课时

9课时。

三、内容结构(见图3-0-1)

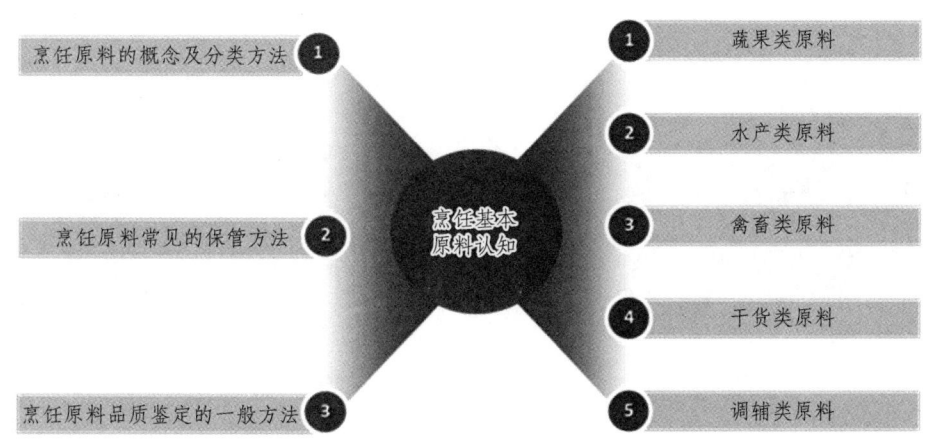

图 3-0-1　内容结构

四、引导问题

1. 烹饪原料的概念及分类方法

(1)烹饪原料的概念。

烹制菜品首先要有材料,俗话说"巧妇难为无米之炊"。烹饪原料是指用以_____,包括_____和_____。

作为烹饪原料必须具备_____、_____、_____三个基本条件。

（2）烹饪原料的分类方法。

在生产实际中，常用的烹饪原料种类很多，对原料进行分类有利于比较系统地认识烹饪原料的性质特点和使用特点。

按烹饪原料的自然属性和来源划分，将烹饪原料分为_____、_____、_____、_____四大类。

按加工状态划分，将烹饪原料分为_____、_____、_____三大类。

按烹饪原料在菜品中的地位划分，将烹饪原料分为_____、_____、_____、_____四大类。

按烹饪原料的商品种类划分，将烹饪原料分为_____、_____、_____、_____、_____五大类，此分类方法最常用。

2. 烹饪原料的保管

烹饪原料储存保管的目的是延长原料的使用期限，保护原料质量，防止浪费。

（1）烹饪原料常见的保管方法

烹饪原料常见的保管方法包括_____、_____、_____、_____、_____、_____、_____、_____八种。

（2）请根据图 3-0-2 中烹饪原料的特点在空白线上填写相应的保管方法。

_____

_____

_____

_____

_____

_____

图 3-0-2　烹饪原料常用的保管方法

3. 烹饪原料品质鉴定的一般方法

（1）理化鉴定：是利用_____和_____对原料的品质进行判断，包括_____和_____两种方法。

（2）感官鉴定：是利用人体的_____，即眼、耳、鼻、舌、手等对原料品质进行辨别检验，包括五种鉴定方法：_____、_____、_____、_____、_____。

> **小词典**
>
> 天然材料：通过种植、养殖所得的材料，如瓜果青菜、鸡、鸭、鹅、猪、牛、羊、鱼、虾、蟹等。
>
> 经过加工的材料：运用食品加工方法、酿造方法、物理加工方法、化学加工方法等各种加工方法得到的烹饪原料。

五、学习过程

（1）查阅资料，小组讨论完成蔬果类原料的分类及常见品种品质鉴选，并进行小组展示。

① 蔬果类原料的分类图绘制（按原料的食用部位划分）。

② 请将下列蔬果类原料进行准确分类：西兰花、鲜竹笋、胡萝卜、菜心、鲜木耳、芥蓝、荷兰豆、生菜、西红柿、鲜淮山、芦笋、苦瓜、芥菜、青瓜、鲜柠檬、冬菇、鲜辣椒。

③ 选择蔬果类原料每一类别中的 2 个常见品种，完成表 3-0-1。

表 3-0-1　蔬果类原料常见品种品质鉴选

分类	常见品种	品质鉴选	烹调用途

（2）查阅资料，小组讨论完成水产类原料的分类及常见品种品质鉴选，并进行小组展示。

① 水产类原料的分类图绘制（按原料的应用习惯划分）。

② 请将下列水产类原料进行准确分类：草鱼、鲈鱼、鲜鲍鱼、龙虾、中华绒螯蟹、青虾、海蜇、石斑鱼、鲜墨鱼。

③ 选择水产类原料每一类别中的 1 个常见品种，完成表 3-0-2。

表 3-0-2　水产类原料常见品种品质鉴选

分类	常见品种	品质鉴选	烹调用途

小词典

水产类原料：通常是指能用于烹制和使用的各类咸淡水动植物，主要有鱼类、虾蟹类、贝类、其他水产品类和水产品制品等。

（3）查阅资料，小组讨论完成禽畜类原料的分类及常见品种品质鉴选，并进行小组展示。
① 禽畜类原料的分类图绘制及代表品种描述。

② 请根据表3-0-3中的图片，完成表3-0-3。

表3-0-3 禽畜类原料常见品种品质鉴选

分类	常见品种	品质鉴选	图片

续表

分类	常见品种	品质鉴选	图片

（4）查阅资料，小组讨论完成干货类原料的分类及常见品种品质鉴选，并进行小组展示。

① 干货类原料的分类图绘制。

② 请将下列干货类原料进行准确分类：桂圆肉、鱼翅、紫菜、腰果、笋干、木耳、腐竹、鱿鱼、冬菇、鲍鱼、枸杞。

③选择干货类原料二级分类中的1个常见品种,完成表3-0-4。

表3-0-4 干货类原料常见品种品质鉴选

一级分类	二级分类	常见品种	品质鉴选	烹调用途
植物性干货原料				
动物性干货原料				

小词典

干货类原料:通常是指将动植物原料经过晒、晾、烘、熏等脱水干制过程而成的烹饪原料。

鲜料干制的方法:烘干、晒干、风干等。

(5)查阅资料,小组讨论完成调辅类原料的分类及常见品种品质鉴选,并进行小组展示。
①调辅类原料的分类图绘制及代表品种描述(请细分至二级分类)。

② 请根据表 3-0-5 中的图片，完成表 3-0-5。

表 3-0-5　调辅类原料常见品种品质鉴选

一级分类	二级分类	常见品种	品质鉴选	图片
				盐
				糖
				水塔老陈醋
				干辣椒片
				辣椒
				味精
				八角
				小苏打
				调味品

小词典

调味料：烹调过程中主要用于调和滋味的原料统称。"民以食为天，食以味为先"，可见调味在烹调中的重要性。

调辅料：烹调菜肴除了要调味外，还要调理菜肴的色、香、质等方面，所使用的这些原料为辅料，与调味料合称为调辅料。

 ## 六、评价反馈（见表3-0-6）

表3-0-6 学习活动评价表

考核项目	考核要求	分值	个人评价	组内评价	教师评价
职业素养（30分）	（1）遵守实训室安全规定	3			
	（2）着装符合规范	3			
	（3）遵守考勤纪律	3			
	（4）保持学习环境干净整洁	3			
	（5）合理规范地使用工具和设备	3			
	（6）具有工作岗位的责任心	3			
	（7）有团队协作能力，主动参与小组讨论	3			
	（8）学习积极主动	3			
	（9）尊敬老师和同学，虚心听取意见	3			
	（10）工作完成后认真清理现场	3			
引导问题完成情况（10分）	（1）能正确使用网络、资料等学习资源	5			
	（2）能按要求回答引导问题	5			
任务完成情况（35分）	（1）能正确理解学习任务的要求	4			
	（2）能规范绘制烹饪原料分类图	8			
	（3）能对常见的原料进行正确归类	8			
	（4）能正确查询资料，填写原料常见品种品质鉴选表格	10			
	（5）能根据学习内容进行拓展	5			
任务展示（15分）	（1）语言表达流畅、声音洪亮	5			
	（2）条理、思路清晰	5			
	（3）展示形式多样、有创新性	5			
作业提交（10分）	（1）能按时提交作业	5			
	（2）能按要求提交作业	5			
总分		100			
小组评语及建议	他（她）做到了： 他（她）的不足： 给他（她）的建议：		组长签名： 日期：		
老师评语与建议			评定等级或分数_____ 教师签名： 日期：		

七、学习拓展

（1）请根据表 3-0-7 中所列菜肴的图片正确识别其中所涉及的烹饪原料，并对烹饪原料所属的类别进行准确描述。

表 3-0-7　根据菜肴图表识别烹饪原料

菜肴图片	菜肴名称	烹饪原料	所属类别

（2）利用课余时间前往就近的菜市场，选择五种以上的烹饪原料进行拍照，将照片打印出来贴于空白处，并对烹饪原料所属的类别进行准确描述。

学习任务四　开收档

一、学习目标

完成本学习任务后，你应当具备如下能力：
（1）准确认知实训室安全操作注意事项；
（2）准确认知开收档工作内容；
（3）熟练完成厨房开收档工作。

二、建议课时

6课时。

三、内容结构（见图4-0-1）

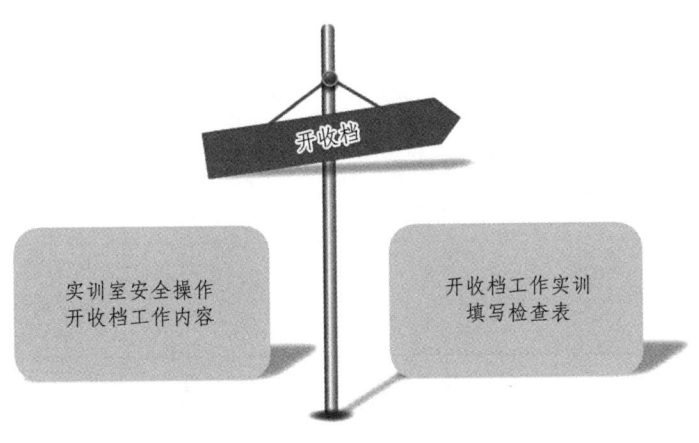

图 4-0-1　内容结构

四、引导问题

1. 厨房开档工作内容

（1）每日上班后（营业前）了解当天是否有重要或特殊的接待任务；
（2）检查炒锅档位的_____、_____、_____是否充足，如缺少应_____；
（3）协助_____岗位处理半成品；
（4）检查_____是否齐全，如缺少应及时补充_____；
（5）检查锅味工具是否齐全，并协助师傅_____；
（6）保持岗位卫生，做好营业前的_____；

（7）中午下班前整理_____，补充汁、酱、油等味料，_____放入保鲜柜处理，补充_____，维持好岗位卫生，协助做好福食。

2. 厨房收档工作内容

（1）将所有的_____和_____分类入柜，保管油、味料，加盖保管不让害虫侵食；

（2）_____现场整理；

（3）掌握第二天早班是否有特殊安排；

（4）补充_____；

（5）现场清洁，确保岗位卫生；应做到地面_____、面板_____并有光泽，炉台_____，清洁彻底到位、不留死角；

（6）确保_____、_____、_____关闭后方可下班。

五、学习过程

（1）观看PPT，根据PPT内容将实训室安全操作注意事项记录在表4-0-1中。

表4-0-1　实训室安全操作注意事项

实训室安全操作关键点	安全操作注意事项
个人防护	
器具、设备使用	
刀具使用	
防火安全	

> **小提示**
>
> 厨房安全管理制度：
> ✧ 厨房工作人员要熟练掌握各种机械设备的使用方法与操作标准，在使用各种机械设备时应严格按操作规程进行操作，不得随意更改操作规程；严禁违章操作，设备一旦开始作业运转，操作人员不准随便离开现场；对电器设备高温作业的岗位，作业中随时注意机器运转和油温的变化情况，发现意外及时停止作业，及时上报主管负责人；遇到故障不准随意拆卸设备，应及时报修，由专业人员进行维修。
> ✧ 对厨师使用的各种刀具要严格进行管理，严格按要求使用和放置刀具，不用时应将刀具放在固定位置；不准随意拿刀具吓唬他人，或用刀具指对他人；收档后应将刀具放在固定位置存放，厨师不准随意把刀具带出厨房。

- 厨师个人的专用刀具，不用时应放在固定位置保管好，不准随意借给他人使用，严禁随处乱放刀具，否则由此造成的不良后果，由刀具持有人负责。
- 厨房的各种设备均由专人负责管理，他人不得随意乱动；定期检查厨房的各种设施设备，及时消除安全隐患。
- 每天收档时要逐一检查油路、阀门、气路、燃气开关、电源开关的安全情况，如果发现问题应及时报修，严禁私自进行处理。
- 禁止使用湿抹布擦拭电源开关，严禁私自接电源，不准带故障使用设备；离开前要做好电源和门窗的关闭检查工作。
- 厨房如果发现被盗现象，值班人员或发现人员应做好现场的保护，并及时上报进行处理。
- 掌握厨房内消防设施和灭火器材的安放位置与使用方法，经常对电源线路进行仔细检查，发现超负荷用电及电线老化现象要及时报修，并向上级汇报。
- 一旦发生火灾，应迅速拨打火警电话并简要说明起火位置，尽量设法进行灭火。
- 使用酒精炉时不要往正在燃烧的酒精炉内添加酒精，酒精应放在不接触火源的地方。
- 在正常作业期间，厨房各出口的门不得上锁，保持畅通。
- 对于厨房的抽油烟机及管罩，要定期进行清理，在清洗厨房时，不要将水喷洒到电开关处，防止电器短路引起火灾。
- 热油炸开时，注意控制油温，防止油锅着火。
- 厨房收档完毕离开前应细致检查，熄灭火种，关严各油、电、水、气阀门，无漏油、漏气现象。
- 保持工作环境的清洁，清除工作台上的各种油污，定期对抽油烟机进行清洁。

（2）认真观看教师示范开档工作，以小组为单位开展开档实操训练，参照开档工作内容填写厨房开档检查表4-0-2。

表4-0-2　厨房开档检查表

开档工作内容	处理完好	处理不当	备注
打开电源总开关			
开启厨房照明灯			
开启厨房抽油烟机			
检查各个炉灶开关是否正常			
打开炉灶鼓风机			
将总煤气阀门打开			
点燃火种			
检查酱料和调味料、食用油			
工用具归位			
添加酱料和调味料			
检查冰箱			
解冻部分开档的原料			
添加料头			

续表

开档工作内容	处理完好	处理不当	备注
水发原料换水			
对原料进行刀工处理、腌制			
检查砧板所需原料缺货情况，填写申购单			
点燃海鲜蒸柜，将水烧开			
检查海鲜酱料			
调制味水、熬制酱料			

检查人：　　　　　　　　　　　　　　日期：

（3）认真观看教师示范收档工作，以小组为单位开展本工位收档实训，参照收档工作内容填写厨房收档检查表 4-0-3。

表 4-0-3　厨房收档检查表

收档工作内容	处理完好	处理不当	备注
整理荷台			
剩余酱料放入专门的冰箱内			
清洗或更换调料缸及油盆			
清洗炉灶台、工用具归位			
上什调味料、酱料放入专柜			
换水盆柜			
多余原料入库			
检查原料缺货情况，填写申购单			
清理砧板、磨刀			
地面及台面清洁			
垃圾处理			
关闭水、电、气			

检查人：　　　　　　　　　　　　　　日期：

小提示

实训室"6S"管理：

- ◇ "6S"管理由日本企业的 5S 管理扩展而来，是行之有效的现场管理理念和方法。其作用是：提高效率，保证质量，使工作环境整洁有序，预防为主，保证安全。
- ◇ 整理（SEIRI）——将工作场所的任何物品区分为有必要和没有必要的，除了有必要的留下来，其他的都消除掉。其目的是：腾出空间，空间活用，防止误用，塑造清爽的工作场所。
- ◇ 整顿（SEITON）——把留下来的必要的物品依规定位置摆放，并放置整齐加以标识。其目的是：工作场所一目了然，消除寻找物品的时间，使工作环境整洁，消除过多的积压物品。

- 清扫（SEISO）——将工作场所内看得见与看不见的地方清扫干净，保持工作场所干净、亮丽。其目的是：稳定品质，减少伤害。
- 清洁（SEIKETSU）——将整理、整顿、清扫进行到底，并且制度化，经常保持环境外在美观的状态。其目的是：创造明朗的现场，维持上面3S成果。
- 素养（SHITSUKE）——每位成员养成良好的习惯，并遵守规则做事，培养积极主动的精神（也称习惯性）。其目的是：培养有好习惯、遵守规则的工作人员，营造团队精神。
- 安全（SECURITY）——重视成员的安全教育，每时每刻都有安全第一的观念，防患于未然。其目的是：建立起安全生产的环境，所有的工作应建立在安全的前提下。

六、评价反馈（见表4-0-4）

表4-0-4 学习活动评价表

考核项目	考核要求	分值	个人评价	组内评价	教师评价
职业素养（30分）	（1）遵守实训室安全规定	3			
	（2）着装符合规范	3			
	（3）遵守考勤纪律	3			
	（4）保持学习环境干净整洁	3			
	（5）合理规范地使用工具和设备	3			
	（6）具有工作岗位的责任心	3			
	（7）有团队协作能力，主动参与小组讨论	3			
	（8）学习积极主动	3			
	（9）尊敬老师和同学，虚心听取意见	3			
	（10）工作完成后认真清理现场	3			
引导问题完成情况（10分）	（1）能正确使用网络、资料等学习资源	5			
	（2）能按要求回答引导问题	5			
任务完成情况（50分）	（1）能认真观看PPT，按要求填写实训安全操作注意事项表格	10			
	（2）能认真观看教师开收档示范	5			
	（3）能按开收档工作内容要求完成开收档实训，并认真填写检查表	30			
	（4）能根据学习内容进行拓展	5			
作业提交（10分）	（1）能按时提交作业	5			
	（2）能按要求提交作业	5			
总分		100			

续表

考核项目	考核要求	分值	个人评价	组内评价	教师评价
小组评语及建议	他（她）做到了： 他（她）的不足： 给他（她）的建议：		组长签名： 日期：		
老师评语与建议			评定等级或分数_____ 教师签名： 日期：		

七、学习拓展

案例分析：2016年5月20日10：30左右，厨房工作人员张某在准备员工用餐时，因操作不当造成锅内油起火，当班负责人李某及时拿灭火器进行灭火，火势得到及时有效控制，未造成人员及财产损失。请就此事故发生的原因进行分析，并提出预防措施。

学习任务五　刀工与抛锅基础知识认知

 一、学习目标

完成本学习任务后，你应当具备如下能力：
（1）准确认知刀具、磨刀石、砧板的基础知识；
（2）准确认知刀法的分类、原料形状的六大类型；
（3）准确认知炉灶及常用炉灶工具的基础知识；
（4）熟练掌握持刀的基本操作姿势，刀工操作的基本姿势，丁、丝、粒、片等原料形状的刀工操作；
（5）熟练掌握炉灶的使用方法、熟悉抛锅实训的操作方法。

 二、建议课时

18课时。

 三、学习流程与活动

（1）学习活动一　刀具和砧板基础知识认知
（2）学习活动二　刀法基础知识认知
（3）学习活动三　炉灶基础知识认知
（4）学习活动四　抛锅基础知识认知

学习活动一　刀具和砧板基础知识认知

 一、学习目标

完成本学习任务后，你应当具备如下能力：
（1）准确认知刀具的种类、用途；
（2）准确认知磨刀石的种类、掌握常用的磨刀方法；
（3）准确认知砧板的种类、作用及保养；
（4）准确认知刀法的分类；
（5）熟练掌握持刀的基本操作姿势；
（6）掌握常用刀法的操作姿势。

 二、建议课时

6课时。

三、内容结构（见图 5-1-1）

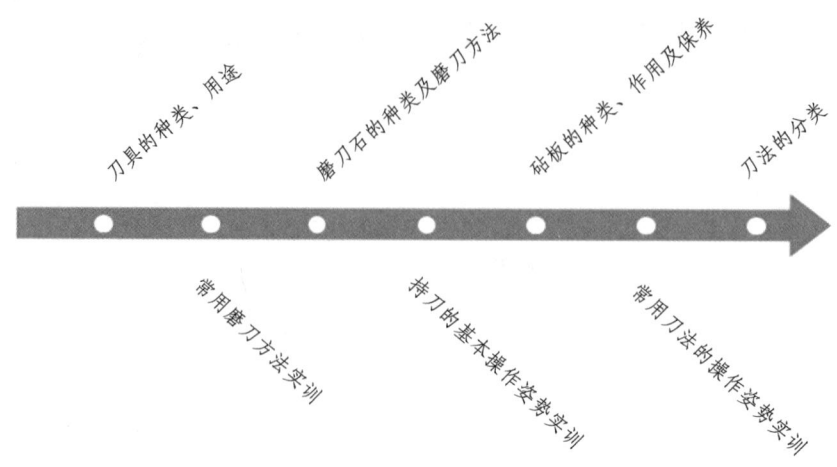

图 5-1-1　内容结构

四、引导问题

1. 刀工的意义

刀工是中式烹调的核心技术之一，与_____和_____并列为烹调"三要素"。中国烹饪十大技术理论之一是_____，即刀工在烹饪中所处的地位至关重要。

2. 刀工的概念

刀工就是根据_____和_____的要求，使用_____，运用不同的_____将原料或食材加工成_____的工艺过程及技术。刀工既用于原料的_____，也用于_____，故有精加工和粗加工之说。

3. 刀工的作用

刀工技术不仅决定了原料的最后形态，而且对菜肴制成后的色、香、味、形及卫生等方面都起着重要的作用，主要体现在以下几个方面：

（1）精细加工、_____；
（2）分割原料、_____；
（3）剞纹切块、_____；
（4）美化菜肴、_____。

4. 刀工的基本要求

（1）_____；
（2）_____；
（3）_____；
（4）_____；
（5）注意同一菜肴中几种原料形状的协调；
（6）_____；
（7）_____、_____。

五、学习过程

（1）观看 PPT，根据 PPT 内容，按刀具的用途将刀具分为三类，请将刀具的种类、特征及用途记录在表 5-1-1 中。

表 5-1-1　刀具的种类、特征及用途

图　片	种　类	特　征	用　途

（2）根据教师示范讲解，将磨刀石的种类、特征及用途填写在表 5-1-2 中。

表 5-1-2　磨刀石的种类、特征及用途

种　类	特　征	用　途

（3）观看教师示范如何磨刀，并开展磨刀实训，以小组为单位总结磨刀的方法及要领。

> **小提示**
>
> 磨刀前的注意事项：
> ◇ 磨刀前需要先去除刀身的油污；用清水或碱水清洗，冬天可用热水烫。
> ◇ 磨刀石要放在磨刀架上，如果没有磨刀架，可在磨刀石下垫湿布，防止磨刀石滑动。
>
> 磨刀的方法及要领：
> ◇ 磨刀时两手持刀，一手握刀把，另一手扶刀身，务必磨刀时使刀身运动平稳。
> ◇ 两脚自然分开，或一前一后站稳，胸部稍微向前。
> ◇ 磨刀时根据刀口原有的角度适当翘起。一般片刀翘起角度小，斩刀翘起角度稍大，自始至终翘起同一角度。
> ◇ 左右两面和刀口的每一个部位磨的次数和力度都要一致。
> ◇ 用整块磨刀石磨，不要只磨磨刀石的一部分。
> ◇ 磨刀时速度不需要太快，但是用的力度必须稳定，两手自然伸展。
> ◇ 边磨边用清水冲洗和湿润，以免刀身发热。
> ◇ 有缺口的刀，应先在粗磨刀石上磨，把缺口磨平后，再拿到细磨刀石上磨。
> ◇ 不同刀具用不同的磨法。
>
> 磨刀后的鉴别方法：
> ◇ 刀刃朝上，两眼顺着刀刃方向看，如看不到刀刃上有白色反光即锋利。
> ◇ 如果有白光说明尚未磨好或卷口。
> ◇ 刀刃要求无卷口和毛锋现象，刀身平滑。

（4）根据教师示范讲解，将砧板的主要种类、优缺点、使用及保养填写在表 5-1-3 中。

表 5-1-3 砧板的主要种类及优缺点

图片	种类	优缺点	使用及保养

> **小提示**
>
> 砧板的作用:
> - ◇ 保持食物清洁:在砧板上切配原料,保证食品卫生。应将切生、熟料的砧板分开,防止交叉污染。切料时应根据原料的不同性质分开切。如有汁液或污垢,应用洁净抹布擦净后再切其他原料。
> - ◇ 使原料切配整齐均匀:砧板应定期四面旋转使用,否则会使砧板凹凸不平影响切配。
> - ◇ 对刀起保护作用:砧板的木质是直丝缕,刀刃不易钝。

(5)观看PPT,根据PPT内容及教师讲解,完善表5-1-4刀法体系的内容。

表5-1-4 刀法体系

一级分类	二级分类	三级分类	刀法图解	四级分类
普通刀法	标准刀法			
	非标准刀法	包括:		
特殊刀法	包括:			

> **小词典**
>
> 刀法:使用不同的刀具将原料加工成特定形状时采用的各种不同的运刀技法,亦即运刀的方法。刀法可分为普通刀法和特殊刀法两大类。
> 　普通刀法:使用普通刀具进行刀工加工的方法。普通刀法可分为标准刀法和非标准刀法两大类。
> 　特殊刀法:使用特殊刀具进行刀工加工的方法,如食品雕刻。
> 　标准刀法:刀身与砧板平面所夹角度基本一致或呈现一定规律的运刀方法。
> 　非标准刀法:包括所有刀身与砧板平面不存在规律性角度和不是主要以刀刃加工的运刀方法。

（6）认真学习表 5-1-5 常用刀法概念及适用范围，观看教师示范常用刀法的操作方法及要领，并开展刀法练习实训。

表 5-1-5　常用刀法概念及适用范围

刀法名称		刀法示意图	概　念	适用范围
直切	定料切		刀具仅垂直向下切落，原料固定在砧板上的切法	适用于脆性的植物原料，如笋、冬瓜、萝卜、土豆、姜、葱、豆腐等
	滚料切		刀具仅垂直向下切落，被切原料切一刀滚动一次的连续切法	适用于质地脆嫩的圆形或圆柱形植物原料，如萝卜、丝瓜、笋、茄子等
	推切		刀刃垂直落下的同时手腕将刀往前下方推进的切法	适用于略有韧性但不坚硬的原料，如猪肉、牛肉、动物的肝和肾、鱼肉等
平刀法	平片法		刀身基本上是单纯由左至右平行运刀的刀法	适用于软嫩无骨的原料，如豆腐、猪血、肉冻等
	推片法		刀身往左前方运刀的刀法	适用于脆嫩性蔬菜，如生姜、白菜、茭白、竹笋、榨菜

 六、评价反馈

（1）针对学生磨刀实训情况，填写评价表 5-1-6。

表 5-1-6　磨刀实训情况评价表

评价内容	磨刀姿势	磨刀姿势	锋利程度	合计
配分	30	30	40	100
得分				

（2）针对持刀的基本操作姿势实训情况，填写评价表 5-1-7。

表 5-1-7　持刀的基本操作姿势实训情况评价表

评价内容	站立姿势	握刀姿势	操作姿势	合计
配分	30	30	40	100
得分				

（3）针对常用刀法的操作姿势实训情况，填写评价表 5-1-8。

表 5-1-8　常用刀法的操作姿势实训情况评价表

评价内容	刀法正确	操作姿势正确自然	原料形状整齐均匀	清洁卫生	节约	合计
配分	25	25	25	15	10	100
得分						

（4）针对学生本次学习活动的综合表现，填写学习活动评价表 5-1-9。

表 5-1-9　学习活动评价表

考核项目	考核要求	分值	个人评价	组内评价	教师评价
职业素养（30分）	（1）遵守实训室安全规定	3			
	（2）着装符合规范	3			
	（3）遵守考勤纪律	3			
	（4）保持学习环境干净整洁	3			
	（5）合理规范地使用工具和设备	3			
	（6）具有工作岗位的责任心	3			
	（7）有团队协作能力，主动参与小组讨论	3			
	（8）学习积极主动	3			
	（9）尊敬老师和同学，虚心听取意见	3			
	（10）工作完成后认真清理现场	3			
引导问题完成情况（10分）	（1）能正确使用网络、资料等学习资源	5			
	（2）能按要求回答引导问题	5			
任务完成情况（50分）	（1）能正确理解学习任务的要求	5			
	（2）磨刀实训练习情况	10			
	（3）持刀的基本操作姿势实训情况	15			
	（4）常用刀法的操作姿势实训情况	20			
作业提交（10分）	（1）能按时提交作业	5			
	（2）能按要求提交作业	5			

续表

考核项目	考核要求	分值	个人评价	组内评价	教师评价
总分		100			
小组评语及建议	他（她）做到了： 他（她）的不足： 给他（她）的建议：	组长签名： 日期：			
老师评语与建议		评定等级或分数_____ 教师签名： 日期：			

 七、学习拓展

（1）保持刀具的锋利，平时应注意做好刀具的保养，请查阅资料，简述对刀具的一般保养方法。

（2）请根据教师示范讲解的内容，简述定料切、滚料切、推切、平片法、推片法的操作要领。

学习活动二　刀法基础知识认知

一、学习目标

完成本学习任务后，你应当具备如下能力：
（1）熟练掌握刀工操作的基本姿势；
（2）准确认知原料形状的六大类型；
（3）准确认知常见原料形状（丁、丝、粒、片）的特点、适用原料及成形规格；
（4）熟练掌握丁、丝、粒、片等原料形状的刀工操作。

二、建议课时

6课时。

三、内容结构（见图5-2-1）

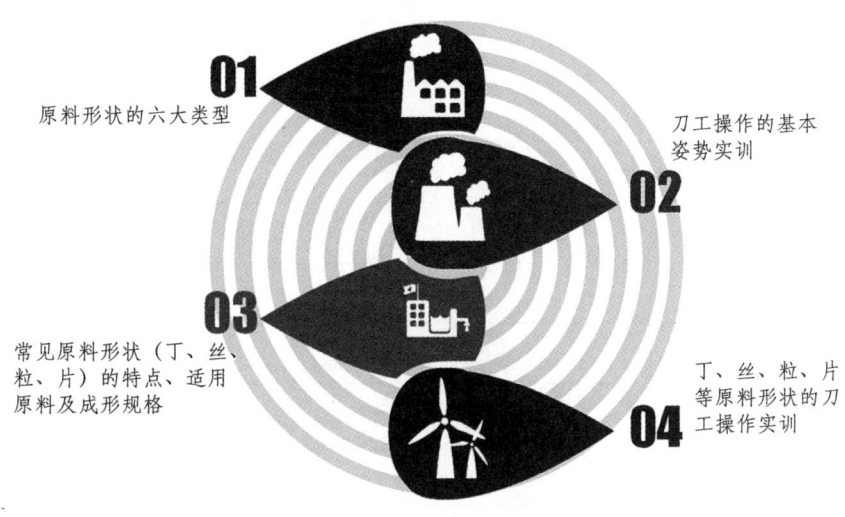

图5-2-1　内容结构

四、引导问题

1. 刀工操作的基本姿势

（1）_____。操作时，两脚自然分立站稳，身体向右转，与砧板台夹约_____角，左手在砧板上按稳原料，_____持刀，不弯腰驼背，身体与砧板距离约_____。

（2）_____。右手持刀，虎口架在_____，大拇指紧贴在刀柄，_____靠在刀身右侧，共同控制运刀的_____。

（3）_____。身体自然站立不弯腰，两手自然下垂_____，腰、臂、手腕都用力，运刀力量是_____。

2. 刀工成形

（1）运用各种刀法对原料进行刀工加工，原料便获得了各种各样的形状；原料的这些形状就叫作_____。

（2）按粤菜的成形习惯，原料大致有_____
_____14种形状。

（3）借用几何图形来分类，见图5-2-2，刀工成形可分为_____
_____六大类型。

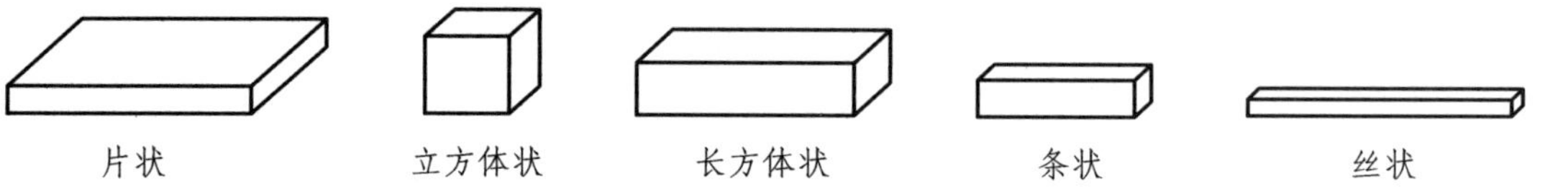

| 片状 | 立方体状 | 长方体状 | 条状 | 丝状 |

图 5-2-2　刀工几何成形示意图

五、学习过程

（1）认真听取教师讲解，同时查阅资料，完成原料刀工成形分类表5-2-1。

表 5-2-1　原料刀工成形分类表

序号	类型	种类	实例	用途
1	片状			
2	立方体状			
3	长方体状			
4	条状			
5	丝状			
6	其他			

小词典

片状：面宽而厚度较小的形状，只有片一种刀工成形，但使用比较广泛。

立方体状：正方体或近似正方体的形状，由大到小形成块、丁、粒、松（米）四种刀工成形。

长方体状：正长方体或近似长方体的形状，相对于片来说，它比较厚大，相对于块来说它比较长。

条状：较粗的长条形，有条和段两种主要的刀工成形。

丝状：比条稍长稍细的形状，主要用切法加工。

（2）观看教师示范丁、丝、粒、片等原料形状的刀工操作，开展刀法练习实训，并完成表5-2-2。

表5-2-2 丁、丝、粒、片的种类、特点及成形规格

序号	类型	种类	特点	成形规格
1	丁	大丁		
		小丁		
2	丝	粗丝（笋丝）		
		中丝（笋丝）		
		细丝（笋丝）		
		银针丝		
3	粒	粒		
4	片	厚笋片		
		中笋片		
		薄笋片		

六、评价反馈

（1）针对学生刀工操作基本姿势实训情况，填写评价表5-2-3。

表5-2-3 刀工操作基本姿势实训情况评价表

评价内容	站立姿势	持刀姿势	切料姿势	合计
配分	30	30	40	100
得分				

（2）针对学生丁、丝、粒、片等原料形状的刀工操作实训情况，填写评价表5-2-4。

表5-2-4 常用刀法的操作姿势实训情况评价表

评价内容	丁		丝		粒		片		清洁卫生		合计
	成形	规格	成形	规格	成形	规格	成形	规格	加工过程卫生	装盘卫生	
配分	10	10	10	10	10	10	10	10	10	10	100
得分											

（3）针对学生本次学习活动的综合表现，填写学习活动评价表5-2-5。

表5-2-5　学习活动评价表

考核项目	考核要求	分值	个人评价	组内评价	教师评价
职业素养 （30分）	（1）遵守实训室安全规定	3			
	（2）着装符合规范	3			
	（3）遵守考勤纪律	3			
	（4）保持学习环境干净整洁	3			
	（5）合理规范地使用工具和设备	3			
	（6）具有工作岗位的责任心	3			
	（7）有团队协作能力，主动参与小组讨论	3			
	（8）学习积极主动	3			
	（9）尊敬老师和同学，虚心听取意见	3			
	（10）工作完成后认真清理现场	3			
引导问题完成情况（10分）	（1）能正确使用网络、资料等学习资源	5			
	（2）能按要求回答引导问题	5			
任务完成情况（50分）	（1）能正确理解学习任务的要求	5			
	（2）刀工操作基本姿势实训情况	10			
	（3）丁、丝、粒、片等原料形状的刀工操作实训情况	35			
作业提交（10分）	（1）能按时提交作业	5			
	（2）能按要求提交作业	5			
总分		100			
小组评语及建议	他（她）做到了： 他（她）的不足： 给他（她）的建议：		组长签名： 日期：		
老师评语与建议			评定等级或分数_____ 教师签名： 日期：		

七、学习拓展

查阅资料，请对长方体状的件和脯等两种刀工成形的特点、成形规格进行描述。

学习活动三　炉灶基础知识认知

一、学习目标

完成本学习任务后，你应当具备如下能力：
（1）准确认知炉灶的构造及燃烧原理；
（2）准确认知炉灶使用中的安全问题；
（3）熟练掌握炉灶的使用方法。

二、建议课时

3课时。

三、内容结构（见图 5-3-1）

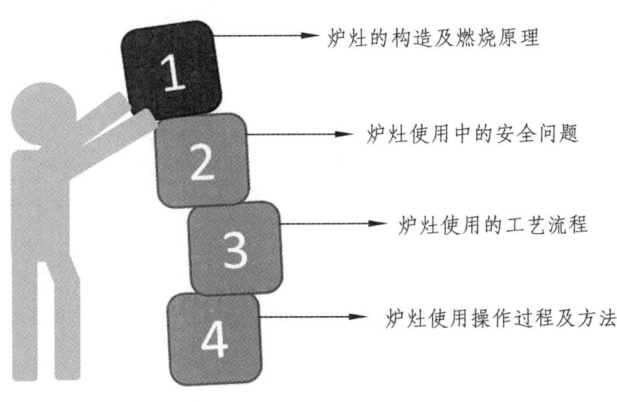

图 5-3-1　内容结构

四、引导问题

1. 炉灶基本构造

查阅资料，根据图 5-3-2 炉灶示意图中标注的序号，填写对应的名称。
（1）_____；（2）_____；（3）_____；
（4）_____；（5）_____；（6）_____；
（7）_____；（8）_____；（9）_____；
（10）_____；（11）_____；（12）_____；
（13）_____；（14）_____。

2. 炉灶的燃烧原理

利用_____鼓入大量空气使_____充分燃烧产生大量_____供热，并可以通过调节_____和_____的大小达到控制_____的目的。

以热能的_____、_____和_____三种基本的传热方式使原料接受热能。

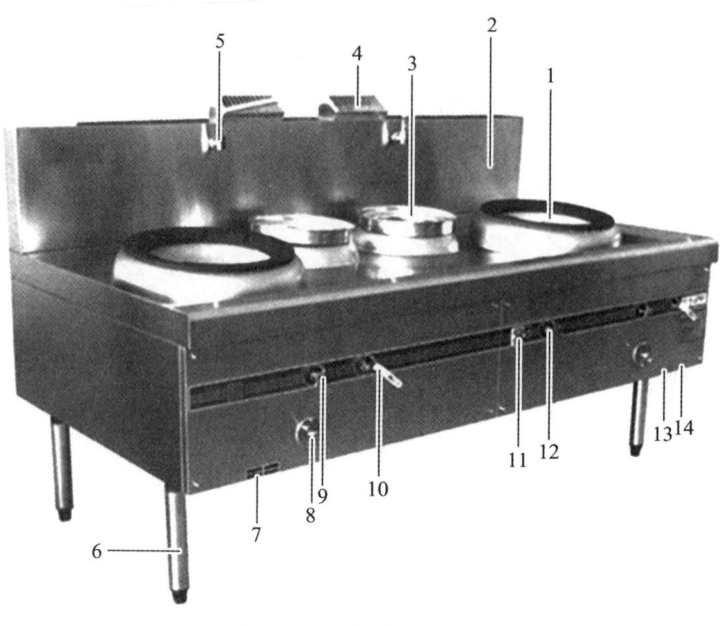

图 5-3-2 炉灶示意图

3. 炉灶使用中的安全问题

燃气炉灶使用中存在如_____、_____、_____、_____等多种安全问题，需要引起足够的重视。

> **小词典**
>
> 辐射：物体以电磁波或粒子传播、发射能量的现象。由于热的原因而产生电磁波辐射来传递热能的现象称为热辐射。
> 传导：热能从高温向低温部分转移的过程。
> 对流：靠气体或液体的流动来传热的方式；液体或气体中较热部分和较冷部分之间通过循环流动使温度趋于均匀的过程。

五、学习过程

（1）认真观看 PPT，并查阅资料，思考一下如遇烧伤、烫伤、煤气泄漏、炉灶着火等安全问题，应采取什么措施进行处理？

（2）根据教师示范讲解，请绘制出炉灶使用的工艺流程图。

（3）参照表 5-3-1 炉灶使用操作过程及方法，开展炉灶使用实训，每完成一项画"√"；请注意操作的先后顺序。

表 5-3-1　炉灶使用操作过程及方法

序号	操作项目	已完成	未完成
1	打开燃气总气阀		
2	点燃火种（点火器）		
3	打开火种阀		
4	打开炉灶的气阀		
5	打开风阀		
6	调节气阀和风阀的大小		
7	关闭风阀		
8	关闭炉灶气阀		
9	关闭火种阀		
10	关闭燃气总气阀		

六、评价反馈

（1）针对学生炉灶使用实训情况，填写评价表 5-3-2。

表 5-3-2　炉灶使用实训情况评价表

评价内容	熟练程度	控制能力	规范操作	合计
配分	30	30	40	100
得分				

（2）针对学生本次学习活动的综合表现，填写学习活动评价表 5-3-3。

表 5-3-3　学习活动评价表

考核项目	考核要求	分值	个人评价	组内评价	教师评价
职业素养（30分）	（1）遵守实训室安全规定	3			
	（2）着装符合规范	3			
	（3）遵守考勤纪律	3			
	（4）保持学习环境干净整洁	3			

续表

考核项目	考核要求	分值	个人评价	组内评价	教师评价
职业素养（30分）	（5）合理规范地使用工具和设备	3			
	（6）具有工作岗位的责任心	3			
	（7）有团队协作能力，主动参与小组讨论	3			
	（8）学习积极主动	3			
	（9）尊敬老师和同学，虚心听取意见	3			
	（10）工作完成后认真清理现场	3			
引导问题完成情况（10分）	（1）能正确使用网络、资料等学习资源	5			
	（2）能按要求回答引导问题	5			
任务完成情况（50分）	（1）能正确理解学习任务的要求	5			
	（2）针对安全问题处理措施完成情况	10			
	（3）炉灶使用的工艺流程图	10			
	（4）炉灶使用实训情况	25			
作业提交（10分）	（1）能按时提交作业	5			
	（2）能按要求提交作业	5			
总分		100			
小组评语及建议	他（她）做到了： 他（她）的不足： 给他（她）的建议：		组长签名： 日期：		
老师评语与建议			评定等级或分数_____ 教师签名： 日期：		

七、学习拓展

查阅资料，编写厨房消防安全预案的具体措施。

学习活动四　抛锅基础知识认知

一、学习目标

完成本学习任务后，你应当具备如下能力：
（1）准确认知常用炉灶工具的名称及用途；
（2）准确认知抛锅的方法；
（3）熟悉抛锅实训的操作方法；
（4）熟悉旋转抛锅实训的操作方法。

二、建议课时

3课时。

三、内容结构（见图5-4-1）

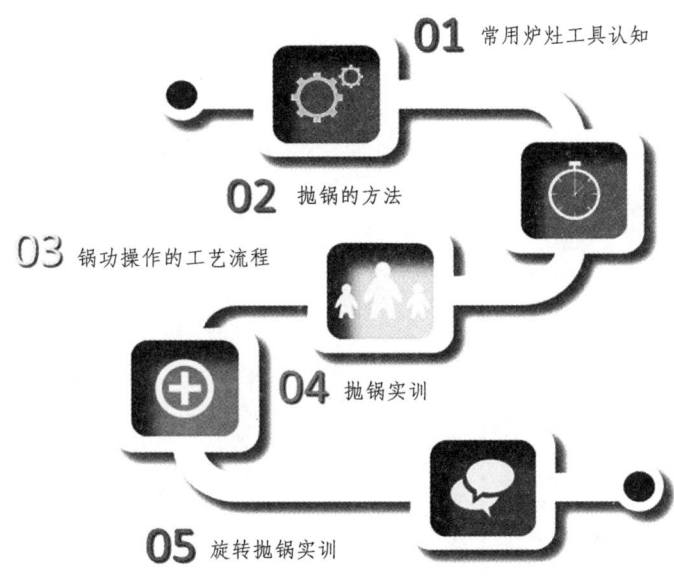

图5-4-1　内容结构

四、引导问题

1. 常用炉灶工具的名称及用途

查阅资料，请将常用炉灶工具的名称及用途填入表5-4-1。

表 5-4-1　常用炉灶工具的名称及用途

图　片	名　称	用　途

2. 锅　功

锅功包括_____、_____、_____、_____、_____、_____、_____、_____等。

3. 持锅的要求

（1）_____；（2）_____；（3）_____。

> **小词典**
>
> 持锅抛料：又称翻锅、抛锅，分为大翻和小翻。
> 大翻：将锅内原料一次全部翻身，"收""送""抛""接"几个动作要连贯进行。
> 小翻：将锅连续向上翻动，使锅内原料翻转和匀，芡汁包裹均匀，避免粘锅或者焦糊。翻动时，一般不应使菜肴超出锅口。
> 持锅旋转：又称旋转抛锅、旋转翻，使原料贴在锅中连续转动。因炉灶靠近身体的近端火力稍弱，远端稍强，所以利用持锅旋锅可以使原料受热均匀。

五、学习过程

（1）根据教师示范讲解，请绘制出抛锅实训的工艺流程图。

（2）开展抛锅实训，根据抛锅操作过程的项目总结相应的操作要领，完成表5-4-2。

表 5-4-2　抛锅操作过程的操作要领

序号	操作项目	操作要领
1	持锅	
2	持锅抛料（抛锅）	
3	持锅旋锅	
4	持炒勺	
5	持炒勺翻料、装料	
6	持锅铲	
7	洗锅	

六、评价反馈

（1）针对学生抛锅实训情况，填写评价表 5-4-3。

表 5-4-3 抛锅实训情况评价表

评价内容	端锅平	用力均匀无抛撒	手臂姿势正确自然	表情自然	1分钟60次	合计
配分	15	20	25	20	20	100
得分						

注：锅重 1000 g，沙 750 g。

（2）针对学生本次学习活动的综合表现，填写学习活动评价表 5-4-4。

表 5-4-4 学习活动评价表

考核项目	考核要求	分值	个人评价	组内评价	教师评价
职业素养（30分）	（1）遵守实训室安全规定	3			
	（2）着装符合规范	3			
	（3）遵守考勤纪律	3			
	（4）保持学习环境干净整洁	3			
	（5）合理规范地使用工具和设备	3			
	（6）具有工作岗位的责任心	3			
	（7）有团队协作能力，主动参与小组讨论	3			
	（8）学习积极主动	3			
	（9）尊敬老师和同学，虚心听取意见	3			
	（10）工作完成后认真清理现场	3			
引导问题完成情况（10分）	（1）能正确使用网络、资料等学习资源	5			
	（2）能按要求回答引导问题	5			
任务完成情况（50分）	（1）能正确理解学习任务的要求	5			
	（2）抛锅的工艺流程图	10			
	（3）抛锅过程操作要领	10			
	（4）抛锅实训情况	25			
作业提交（10分）	（1）能按时提交作业	5			
	（2）能按要求提交作业	5			
总分		100			
小组评语及建议	他（她）做到了： 他（她）的不足： 给他（她）的建议：		组长签名： 日期：		
老师评语与建议			评定等级或分数_____ 教师签名： 日期：		

七、学习拓展

思考应如何增强自己的腕力和臂力?

学习任务六　火候与调味认知

一、学习目标

完成本学习任务后,你应当具备如下能力:
(1)准确认知火候的概念与火力的分类;
(2)准确认知传热介质的分类及作用;
(3)准确描述调味的含义及作用;
(4)准确认知调味的方法;
(5)了解几种常见复制调味品制作演示。

二、建议课时

6课时。

三、内容结构(见图6-0-1)

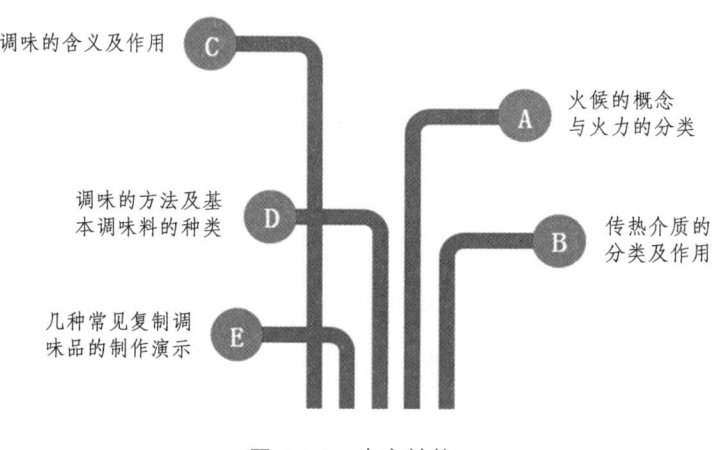

图6-0-1　内容结构

四、引导问题

1. 火候的含义

在烹调中,一般把烹制菜品时所用的_____和所花的_____称为火候。

2. 火力的含义

火力是组成_____的一个因素,是指对一个烹制过程提供_____;从烹的基本含义可知,火力作为一种提供热的因素,在烹制中起着关键的作用。

3. 准确运用火力的要点

（1）根据_____施加恰当的火力；

（2）根据_____调节火力；

（3）根据_____选择火力；

（4）根据_____运用火力。

4. 传热介质

将_____称为传热介质或传热媒介。烹调的传热媒介包括_____、_____、_____、_____等。

5. 味的分类

（1）味觉的分类包括三种：_____、_____、_____。

（2）味的分类包括_____和_____两大类。其中单一味又包括_____、_____、_____、_____、_____、_____六种。

6. 调味的含义

调味就是_____。从工艺技术角度看，调味是运用各种_____，调入调味品，达到_____的一项工艺。

7. 调味的作用

调味的作用包括_____、_____、_____、_____。

> **小词典**
>
> 单一味：又称为基本味，是由一种呈味物质构成的。
>
> 复合味：以一种单一味为主味，混合其他一种或一种以上的单一味，经各味之间的相互作用而成的味。

五、学习过程

（1）根据教师的示范讲解，小组讨论完成火力的分类表 6-0-1。

表 6-0-1　火力的分类

火力大小的等级	火力大小的特点

（2）根据教师的示范讲解，依据传热介质的特别状态（油温）判断火力大小，小组讨论完成表6-0-2。

表6-0-2 根据油温判断火力大小

名称	俗称	一般油面情况	原料下锅后的反应
温油锅			
热油锅			
旺油锅			

（3）查阅资料，分别从调味的工艺、调味的属性、调味的时机等角度进行分类，完成表6-0-3。

表6-0-3 调味的分类

分类依据	分类方法
按调味的工艺划分	
按调味的属性划分	
按调味的时机划分	

（4）根据教师示范讲解，请将几种常用调味汁制作的内容填入表6-0-4。

表6-0-4 几种常用调味汁制作

调味汁名称	主要原料	制作方法
煲仔酱		
芡汤		
卤水		

六、评价反馈（见表6-0-5）

表6-0-5 学习活动评价表

考核项目	考核要求	分值	个人评价	组内评价	教师评价
职业素养 （30分）	（1）遵守实训室安全规定	3			
	（2）着装符合规范	3			
	（3）遵守考勤纪律	3			
	（4）保持学习环境干净整洁	3			
	（5）合理规范地使用工具和设备	3			
	（6）具有工作岗位的责任心	3			
	（7）有团队协作能力，主动参与小组讨论	3			
	（8）学习积极主动	3			
	（9）尊敬老师和同学，虚心听取意见	3			
	（10）工作完成后认真清理现场	3			
引导问题 完成情况 （10分）	（1）能正确使用网络、资料等学习资源	5			
	（2）能按要求回答引导问题	5			

续表

考核项目	考核要求	分值	个人评价	组内评价	教师评价
任务完成情况（50分）	（1）能正确理解学习任务的要求	5			
	（2）能准确完成火力的分类	5			
	（3）能准确根据油温判断火力大小	10			
	（4）能准确完成调味的分类	5			
	（5）能准确完成几种常用调味汁制作表格	20			
	（6）能准确完成学习拓展	5			
作业提交（10分）	（1）能按时提交作业	5			
	（2）能按要求提交作业	5			
总分		100			
小组评语及建议	他（她）做到了： 他（她）的不足： 给他（她）的建议：		组长签名： 日期：		
老师评语与建议			评定等级或分数_____ 教师签名： 日期：		

七、学习拓展

查阅资料，请简述什么是味间作用？包括哪几种主要类型？

学习任务七　刀工与抛锅基本功训练

 一、学习目标

完成本学习任务后，你应当具备如下能力：
（1）准确认知直刀法、滚料切、丁粒料加工、切片法、斩刀法、平刀法、斜刀法、弯刀法、剞刀法、起刀法等刀工加工方法的技术理论；
（2）熟练掌握三丝三片、滚料切、丁粒料加工、牛肉片、斩排骨、片瘦肉片、片肥肉片、切苦瓜片、切胡萝卜花、切麦穗花、起生鱼等刀工操作方法；
（3）熟练掌握抛锅的操作方法。

 二、建议课时

30课时。

 三、学习流程与活动

（1）学习活动一　　直刀法与抛锅基本功训练
（2）学习活动二　　滚料切与抛锅基本功训练
（3）学习活动三　　丁粒料加工与抛锅基本功训练
（4）学习活动四　　切片法与抛锅基本功训练
（5）学习活动五　　斩刀法与抛锅基本功训练
（6）学习活动六　　平刀法与抛锅基本功训练
（7）学习活动七　　斜刀法与抛锅基本功训练
（8）学习活动八　　弯刀法与抛锅基本功训练
（9）学习活动九　　剞刀法与抛锅基本功训练
（10）学习活动十　起刀法与抛锅基本功训练

学习活动一　直刀法与抛锅基本功训练

一、学习目标

完成本学习任务后，你应当具备如下能力：
（1）准确查找直刀法原料加工成形的规格；
（2）熟练掌握三丝三片的刀工操作；
（3）熟练掌握抛锅的操作方法。

二、建议课时

3 课时。

 ## 三、内容结构（见图 7-1-1）

图 7-1-1　内容结构

四、引导问题

1. 直刀法的概念

刀法分为_____、_____、_____和_____。其中直刀法是指_____和_____平面成直角的运刀方法。由于原料性质的不同、形态要求的不同，直刀法又可分为_____、_____、_____等几种方法。

2. 三丝三片加工成形的规格

（1）三丝加工成形的规格。

细丝：_____。

中丝：_____。

粗丝：_____。

（3）三片加工成形的规格。

薄片：_____。

中片：_____。

厚片：_____。

五、学习过程

（1）观看教师示范三丝三片的刀工操作，开展刀法练习实训，并总结操作要领。

（2）开展抛锅实训，并总结操作要领。

 ## 六、评价反馈

（1）针对学生三丝三片刀工操作实训情况，填写评价表7-1-1。

表7-1-1 三丝三片刀工操作实训情况评价表

评价内容	细丝、中丝、粗丝		薄片、中片、厚片		清洁卫生		合计
	成形	规格	成形	规格	过程卫生	装盘卫生	
配分	20	20	20	20	10	10	100
得分							
扣分说明							

（2）针对学生抛锅实训情况，填写评价表7-1-2。

表7-1-2 抛锅实训情况评价表

评价内容	端锅平	用力均匀无抛撒	手臂姿势正确自然	表情自然	1分钟60次	合计
配分	15	20	25	20	20	100
得分						

注：锅重1000 g，沙750 g。

（3）针对学生本次学习活动的综合表现，填写学习活动评价表7-1-3。

表7-1-3 学习活动评价表

考核项目	考核要求	分值	个人评价	组内评价	教师评价
职业素养（30分）	（1）遵守实训室安全规定	3			
	（2）着装符合规范	3			
	（3）遵守考勤纪律	3			
	（4）保持学习环境干净整洁	3			
	（5）合理规范地使用工具和设备	3			
	（6）具有工作岗位的责任心	3			
	（7）有团队协作能力，主动参与小组讨论	3			
	（8）学习积极主动	3			
	（9）尊敬老师和同学，虚心听取意见	3			
	（10）工作完成后认真清理现场	3			

续表

考核项目	考核要求	分值	个人评价	组内评价	教师评价
引导问题完成情况（10分）	（1）能正确使用网络、资料等学习资源	5			
	（2）能按要求回答引导问题	5			
任务完成情况（50分）	（1）能正确理解学习任务的要求	5			
	（2）三丝三片刀工操作实训	25			
	（3）抛锅实训	20			
作业提交（10分）	（1）能按时提交作业	5			
	（2）能按要求提交作业	5			
总分		100			
小组评语及建议	他（她）做到了： 他（她）的不足： 给他（她）的建议：		组长签名： 日期：		
老师评语与建议			评定等级或分数_____ 教师签名： 日期：		

七、学习拓展

查阅资料，写出切丝和切片的裁料原则。

学习活动二　滚料切与抛锅基本功训练

一、学习目标

完成本学习任务后，你应当具备如下能力：
（1）准确查找滚料切的技术理论；
（2）熟练掌握滚料切的操作方法；
（3）熟练掌握抛锅的操作方法。

二、建议课时

3课时。

三、内容结构（见图7-2-1）

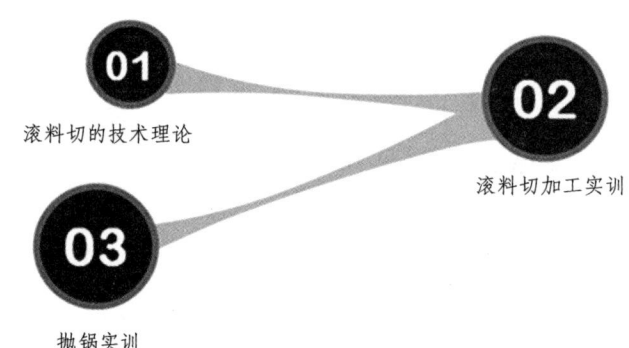

图7-2-1　内容结构

四、引导问题

1. 滚料切的技术理论

直刀法分为切、剁、斩等几种方法。其中切刀法又可分为_____、_____、_____。滚料切是切刀法中的一种。

滚料切是指所切的原料滚动一次切一刀的_____。滚料切应用范围广，一般适用于_____、_____的_____形的植物原料。

滚料切的原料形状是_____，俗称_____。

2. 滚料切的规格

_____。

五、学习过程

（1）观看教师示范滚料切的刀工操作，开展刀法练习实训，并总结操作要领。

（2）开展抛锅实训，并总结操作要领。

六、评价反馈

（1）针对学生滚料切刀工操作实训情况，填写评价表 7-2-1。

表 7-2-1　滚料切刀工操作实训情况评价表

评价内容	成形	规格	过程卫生	装盘卫生	合计
配分	40	40	10	10	100
得分					
扣分说明					

（2）针对学生抛锅实训情况，填写评价表 7-2-2。

表 7-2-2　抛锅实训情况评价表

评价内容	端锅平	用力均匀无抛撒	手臂姿势正确自然	表情自然	1分钟60次	合计
配分	15	20	25	20	20	100
得分						

注：锅重 1000 g，沙 750 g。

(3)针对学生本次学习活动的综合表现，填写学习活动评价表 7-2-3。

表 7-2-3 学习活动评价表

考核项目	考核要求	分值	个人评价	组内评价	教师评价
职业素养 （30分）	（1）遵守实训室安全规定	3			
	（2）着装符合规范	3			
	（3）遵守考勤纪律	3			
	（4）保持学习环境干净整洁	3			
	（5）合理规范地使用工具和设备	3			
	（6）具有工作岗位的责任心	3			
	（7）有团队协作能力，主动参与小组讨论	3			
	（8）学习积极主动	3			
	（9）尊敬老师和同学，虚心听取意见	3			
	（10）工作完成后认真清理现场	3			
引导问题 完成情况 （10分）	（1）能正确使用网络、资料等学习资源	5			
	（2）能按要求回答引导问题	5			
任务完成 情况 （50分）	（1）能正确理解学习任务的要求	5			
	（2）滚料切刀工操作实训	25			
	（3）抛锅实训	20			
作业提交 （10分）	（1）能按时提交作业	5			
	（2）能按要求提交作业	5			
	总分	100			
小组评语 及建议	他（她）做到了： 他（她）的不足： 给他（她）的建议：		组长签名： 日期：		
老师评语 与建议			评定等级或分数_____ 教师签名： 日期：		

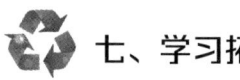

七、学习拓展

滚料切一般适用于哪些原料？操作时需要注意什么问题？

学习活动三　丁粒料加工与抛锅基本功训练

一、学习目标

完成本学习任务后，你应当具备如下能力：
（1）准确查找丁粒料加工的技术理论；
（2）熟练掌握丁粒料加工的操作方法；
（3）熟练掌握抛锅的操作方法。

二、建议课时

3课时。

三、内容结构（见图7-3-1）

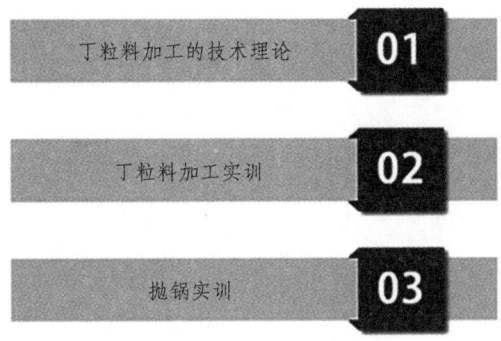

图7-3-1　内容结构

四、引导问题

1. 丁粒料加工的技术理论

丁是用刀直切成_____、_____的正方体形状。丁的成形一般是先将原料_____，再_____，再将条切成_____。规格为_____。

在粤菜餐馆中，也常看到大小跟丁一样，形状是_____的也叫丁，行业中称之为_____。

一般_____、_____的植物原料都切成_____。_____和_____、_____的植物原料才切成_____。

粒加工成形的方法与_____相同，体积约是_____。

2. 丁粒料加工的规格

_____
_____。

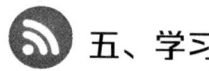 五、学习过程

（1）观看教师示范丁粒料加工的刀工操作，开展刀法练习实训，并总结操作要领。

（2）开展抛锅实训，并总结操作要领。

 六、评价反馈

（1）针对学生丁粒料加工的刀工操作实训情况，填写评价表7-3-1。

表7-3-1　丁粒料加工的刀工操作实训情况评价表

评价内容	成形	规格	过程卫生	装盘卫生	合计
配分	40	40	10	10	100
得分					
扣分说明					

（2）针对学生抛锅实训情况，填写评价表7-3-2。

表7-3-2　抛锅实训情况评价表

评价内容	端锅平	用力均匀无抛撒	手臂姿势正确自然	表情自然	1分钟60次	合计
配分	15	20	25	20	20	100
得分						

注：锅重1000 g，沙750 g。

（3）针对学生本次学习活动的综合表现，填写学习活动评价表7-3-3。

表 7-3-3　学习活动评价表

考核项目	考核要求	分值	个人评价	组内评价	教师评价
职业素养（30分）	（1）遵守实训室安全规定	3			
	（2）着装符合规范	3			
	（3）遵守考勤纪律	3			
	（4）保持学习环境干净整洁	3			
	（5）合理规范地使用工具和设备	3			
	（6）具有工作岗位的责任心	3			
	（7）有团队协作能力，主动参与小组讨论	3			
	（8）学习积极主动	3			
	（9）尊敬老师和同学，虚心听取意见	3			
	（10）工作完成后认真清理现场	3			
引导问题完成情况（10分）	（1）能正确使用网络、资料等学习资源	5			
	（2）能按要求回答引导问题	5			
任务完成情况（50分）	（1）能正确理解学习任务的要求	5			
	（2）丁粒料加工操作实训	25			
	（3）抛锅实训	20			
作业提交（10分）	（1）能按时提交作业	5			
	（2）能按要求提交作业	5			
总分		100			
小组评语及建议	他（她）做到了： 他（她）的不足： 给他（她）的建议：		组长签名： 日期：		
老师评语与建议			评定等级或分数_____ 教师签名： 日期：		

七、学习拓展

（1）丁与粒有什么区别？

（2）为什么动物性原料不能切成"榄丁"？

学习活动四　切片法与抛锅基本功训练

一、学习目标

完成本学习任务后，你应当具备如下能力：
（1）准确查找切片法的技术理论；
（2）熟练掌握牛肉片的刀工操作；
（3）熟练掌握抛锅的操作方法。

二、建议课时

3课时。

三、内容结构（见图 7-4-1）

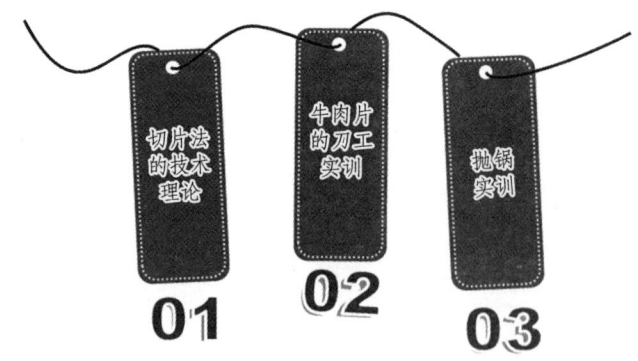

图 7-4-1　内容结构

四、引导问题

1. 切片法的技术理论

片为面宽而薄的形状，一般有_____成形方法。一种是_____，适用范围广，特别是_____、_____和_____的原料。另一种是_____，适用于一些质地_____，直切不易切整齐，或者原料本身形状较为_____、_____，可将原料片成片状。

在切片前，动物性原料需要_____，植物性原料需要_____，再改切成所需规格的坯后，再切成片。

2. 牛肉片的规格要求

_____。

五、学习过程

（1）观看教师示范牛肉片（可用面团代替）加工的刀工操作，开展刀法练习实训，并总结操作要领。

（2）开展抛锅实训，并总结操作要领。

六、评价反馈

（1）针对学生牛肉片加工的刀工操作实训情况，填写评价表 7-4-1。

表 7-4-1　牛肉片加工的刀工操作实训情况评价表

评价内容	成形	规格	过程卫生	装盘卫生	合计
配分	40	40	10	10	100
得分					
扣分说明					

（2）针对学生抛锅实训情况，填写评价表 7-4-2。

表 7-4-2　抛锅实训情况评价表

评价内容	端锅平	用力均匀无抛撒	手臂姿势正确自然	表情自然	1分钟60次	合计
配分	15	20	25	20	20	100
得分						

注：锅重 1000 g，沙 750 g。

（3）针对学生本次学习活动的综合表现，填写学习活动评价表 7-4-3。

表 7-4-3　学习活动评价表

考核项目	考核要求	分值	个人评价	组内评价	教师评价
职业素养（30分）	（1）遵守实训室安全规定	3			
	（2）着装符合规范	3			
	（3）遵守考勤纪律	3			
	（4）保持学习环境干净整洁	3			
	（5）合理规范地使用工具和设备	3			
	（6）具有工作岗位的责任心	3			
	（7）有团队协作能力，主动参与小组讨论	3			
	（8）学习积极主动	3			
	（9）尊敬老师和同学，虚心听取意见	3			
	（10）工作完成后认真清理现场	3			
引导问题完成情况（10分）	（1）能正确使用网络、资料等学习资源	5			
	（2）能按要求回答引导问题	5			
任务完成情况（50分）	（1）能正确理解学习任务的要求	5			
	（2）牛肉片加工操作实训	25			
	（3）抛锅实训	20			
作业提交（10分）	（1）能按时提交作业	5			
	（2）能按要求提交作业	5			
总分		100			
小组评语及建议	他（她）做到了： 他（她）的不足： 给他（她）的建议：		组长签名： 日期：		
老师评语与建议			评定等级或分数_____ 教师签名： 日期：		

七、学习拓展

查阅资料，分析牛肉为什么要横纹切片。

学习活动五　斩刀法与抛锅基本功训练

一、学习目标

完成本学习任务后，你应当具备如下能力：
（1）准确查找斩刀法的技术理论；
（2）熟练掌握斩排骨的刀工操作；
（3）熟练掌握抛锅的操作方法。

二、建议课时

建议课时：3 课时。

三、内容结构（见图 7-5-1）

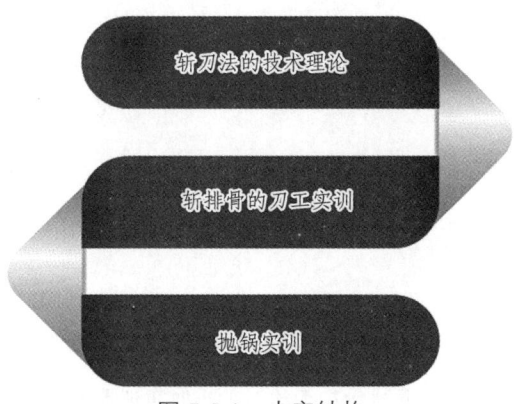

图 7-5-1　内容结构

四、引导问题

1. 斩刀法的技术理论

斩是指从原料上方_____断开原料的直刀法，分为_____、_____和

_____三种。

（1）直斩，是指以小臂用力，刀提高与_____平齐，运刀看准位置，落刀_____、_____，要一刀两断，保证_____的刀法，适用于带骨但_____的原料，如_____。

（2）拍斩，是指将刀放在原料_____，_____握刀柄，_____高举在刀背上用力拍下，将原料斩断的一种刀法，适用于_____的原料，如_____。

（3）劈斩，是指刀_____，对准原料，运用_____将_____、_____的骨头等原料劈斩开的刀法，如_____。

2. 排骨斩块的规格

_____。

 五、学习过程

（1）观看教师示范斩排骨的刀工操作，开展刀法练习实训，并总结操作要领。

（2）开展抛锅实训，并总结操作要领。

六、评价反馈

（1）针对学生斩排骨加工的刀工操作实训情况，填写评价表 7-5-1。

表 7-5-1　斩排骨加工的刀工操作实训情况评价表

评价内容	成形	规格	过程卫生	装盘卫生	合计
配分	40	40	10	10	100
得分					
扣分说明					

（2）针对学生抛锅实训情况，填写评价表 7-5-2。

表 7-5-2　抛锅实训情况评价表

评价内容	端锅平	用力均匀 无抛撒	手臂姿势 正确自然	表情 自然	1分钟 60次	合计
配分	15	20	25	20	20	100
得分						

注：锅重 1000 g，沙 750 g。

（3）针对学生本次学习活动的综合表现，填写学习活动评价表 7-5-3。

表 7-5-3　学习活动评价表

考核项目	考核要求	分值	个人评价	组内评价	教师评价
职业素养 （30分）	（1）遵守实训室安全规定	3			
	（2）着装符合规范	3			
	（3）遵守考勤纪律	3			
	（4）保持学习环境干净整洁	3			
	（5）合理规范地使用工具和设备	3			
	（6）具有工作岗位的责任心	3			
	（7）有团队协作能力，主动参与小组讨论	3			
	（8）学习积极主动	3			
	（9）尊敬老师和同学，虚心听取意见	3			
	（10）工作完成后认真清理现场	3			
引导问题 完成情况 （10分）	（1）能正确使用网络、资料等学习资源	5			
	（2）能按要求回答引导问题	5			
任务完成 情况 （50分）	（1）能正确理解学习任务的要求	5			
	（2）斩排骨加工操作实训	25			
	（3）抛锅实训	20			
作业提交 （10分）	（1）能按时提交作业	5			
	（2）能按要求提交作业	5			
总分		100			
小组评语 及建议	他（她）做到了： 他（她）的不足： 给他（她）的建议：		组长签名： 日期：		
老师评语 与建议			评定等级或分数＿＿＿＿ 教师签名： 日期：		

 七、学习拓展

（1）斩刀法有哪几种？各适宜斩哪些原料？

（2）斩有骨的原料时，应注意什么事项？

学习活动六　平刀法与抛锅基本功训练

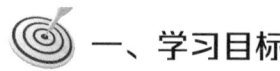一、学习目标

完成本学习任务后，你应当具备如下能力：
（1）准确查找平刀法的技术理论；
（2）熟练掌握片瘦肉片、片肥肉片的刀工操作；
（3）熟练掌握抛锅的操作方法。

二、建议课时

3课时。

三、内容结构（见图7-6-1）

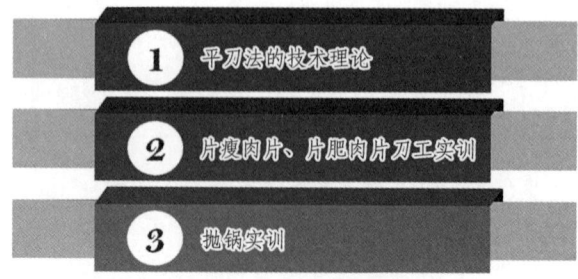

图7-6-1　内容结构

四、引导问题

1. 平刀法的技术理论

平刀法是指运刀时_____与_____基本呈_____状态的刀法。平刀法可以加工出_____、_____的片状物料，适用于_____、_____、_____的动物性原料或_____。

平刀法可分为_____、_____、_____、_____、_____等五种。

（1）平片法，是指刀只朝_____方向做_____，适用于_____的原料，如_____等。

（2）推片法，是指刀做平行移动的同时做_____，适用于_____的植物原料，如_____等。

（3）拉片法，是指刀做平行移动的同时做_____，适用于_____的动植物原料或_____，如_____等。

（4）推拉片法，是指刀做平行移动的同时做_____，适用于_____面积较大、_____、_____的原料，如_____等。

（5）滚料片法，是指运用_____边片边展滚原料的刀法，适用于把小型原料加工成_____，如_____等。

2. 瘦肉片的规格

_____。

五、学习过程

（1）观看教师示范片瘦肉片、片肥肉片的刀工操作，开展刀法练习实训，并总结操作要领。

（2）开展抛锅实训，并总结操作要领。

六、评价反馈

（1）针对学生片瘦肉片、片肥肉片加工的刀工操作实训情况，填写评价表 7-6-1。

表 7-6-1　片瘦肉片、片肥肉片加工的刀工操作实训情况评价表

评价内容	成形	规格	过程卫生	装盘卫生	合计
配分	40	40	10	10	100
得分					
扣分说明					

（2）针对学生抛锅实训情况，填写评价表7-6-2。

表7-6-2 抛锅实训情况评价表

评价内容	端锅平	用力均匀无抛撒	手臂姿势正确自然	表情自然	1分钟60次	合计
配分	15	20	25	20	20	100
得分						

注：锅重1000 g，沙750 g。

（3）针对学生本次学习活动的综合表现，填写学习活动评价表7-6-3。

表7-6-3 学习活动评价表

考核项目	考核要求	分值	个人评价	组内评价	教师评价
职业素养（30分）	（1）遵守实训室安全规定	3			
	（2）着装符合规范	3			
	（3）遵守考勤纪律	3			
	（4）保持学习环境干净整洁	3			
	（5）合理规范地使用工具和设备	3			
	（6）具有工作岗位的责任心	3			
	（7）有团队协作能力，主动参与小组讨论	3			
	（8）学习积极主动	3			
	（9）尊敬老师和同学，虚心听取意见	3			
	（10）工作完成后认真清理现场	3			
引导问题完成情况（10分）	（1）能正确使用网络、资料等学习资源	5			
	（2）能按要求回答引导问题	5			
任务完成情况（50分）	（1）能正确理解学习任务的要求	5			
	（2）片瘦肉片、片肥肉片加工操作实训	25			
	（3）抛锅实训	20			
作业提交（10分）	（1）能按时提交作业	5			
	（2）能按要求提交作业	5			
总分		100			
小组评语及建议	他（她）做到了： 他（她）的不足： 给他（她）的建议：		组长签名： 日期：		
老师评语与建议			评定等级或分数_____ 教师签名： 日期：		

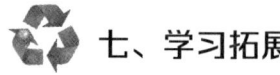

七、学习拓展

（1）滚料片法有什么特点？

（2）片肥肉片与片瘦肉片有什么异同？片肥肉片为什么要用开水？

学习活动七　斜刀法与抛锅基本功训练

一、学习目标

完成本学习任务后，你应当具备如下能力：
（1）准确查找斜刀法的技术理论；
（2）熟练掌握切苦瓜片的刀工操作；
（3）熟练掌握抛锅的操作方法。

二、建议课时

3课时。

三、内容结构（见图 7-7-1）

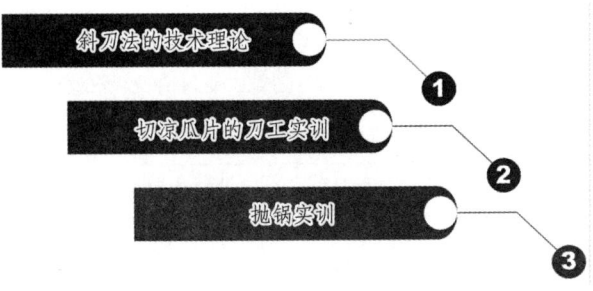

图 7-7-1　内容结构

四、引导问题

1. 斜刀法的技术理论

斜刀法是指刀身与砧板平面呈_____的一类刀法。它能使_____的原料成形时_____或_____，分为_____、_____两种。

（1）正斜刀，又称_____，是刀背_____、刀口_____，刀身与砧板平面呈_____的斜刀法，适用于_____、_____、_____的原料，如_____等。

（2）反斜刀，又称_____，是刀背_____、刀口_____，刀身与砧板平面呈_____的斜刀法，适用于_____和_____的原料，如_____等。

2. 苦瓜片的规格

_____。

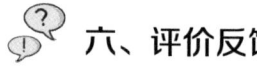

五、学习过程

（1）观看教师示范切苦瓜片的刀工操作，开展刀法练习实训，并总结操作要领。

（2）开展抛锅实训，并总结操作要领。

六、评价反馈

（1）针对学生切苦瓜片刀工操作实训情况，填写评价表 7-7-1。

表 7-7-1　切苦瓜片刀工操作实训情况评价表

评价内容	成形	规格	过程卫生	装盘卫生	合计
配分	40	40	10	10	100
得分					
扣分说明					

（2）针对学生抛锅实训情况，填写评价表7-7-2。

表7-7-2 抛锅实训情况评价表

评价内容	端锅平	用力均匀无抛撒	手臂姿势正确自然	表情自然	1分钟60次	合计
配分	15	20	25	20	20	100
得分						

注：锅重1000 g，沙750 g。

（3）针对学生本次学习活动的综合表现，填写学习活动评价表7-7-3。

表7-7-3 学习活动评价表

考核项目	考核要求	分值	个人评价	组内评价	教师评价
职业素养（30分）	（1）遵守实训室安全规定	3			
	（2）着装符合规范	3			
	（3）遵守考勤纪律	3			
	（4）保持学习环境干净整洁	3			
	（5）合理规范地使用工具和设备	3			
	（6）具有工作岗位的责任心	3			
	（7）有团队协作能力，主动参与小组讨论	3			
	（8）学习积极主动	3			
	（9）尊敬老师和同学，虚心听取意见	3			
	（10）工作完成后认真清理现场	3			
引导问题完成情况（10分）	（1）能正确使用网络、资料等学习资源	5			
	（2）能按要求回答引导问题	5			
任务完成情况（50分）	（1）能正确理解学习任务的要求	5			
	（2）切苦瓜片加工操作实训	25			
	（3）抛锅实训	20			
作业提交（10分）	（1）能按时提交作业	5			
	（2）能按要求提交作业	5			
总分		100			
小组评语及建议	他（她）做到了： 他（她）的不足： 给他（她）的建议：		组长签名： 日期：		
老师评语与建议			评定等级或分数_____ 教师签名： 日期：		

七、学习拓展

查找用斜刀法切生鱼片的操作过程及方法。

学习活动八　弯刀法与抛锅基本功训练

一、学习目标

完成本学习任务后，你应当具备如下能力：
（1）准确查找弯刀法的技术理论；
（2）熟练掌握胡萝卜花的刀工操作；
（3）熟练掌握抛锅的操作方法。

二、建议课时

3课时。

三、内容结构（见图7-8-1）

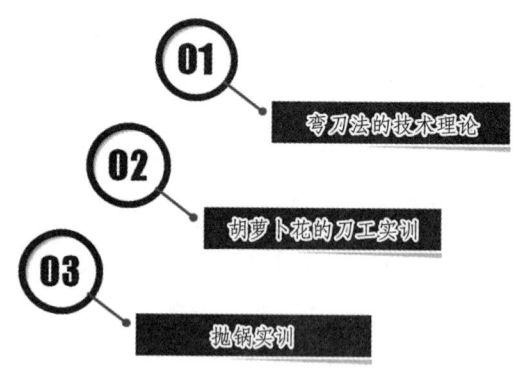

图7-8-1　内容结构

四、引导问题

1. 弯刀法的技术理论

弯刀法是指刀身与砧板之间的_____的一类刀法。它能切出_____，主要用于对_____及_____，分为_____和_____两种。

胡萝卜花是一类将_____改成各种图案，再_____的一种原料加工成形方法，如_____等形状。

2. 胡萝卜花的规格

_____。

五、学习过程

（1）观看教师示范胡萝卜花的刀工操作，开展刀法练习实训，并总结操作要领。

（2）开展抛锅实训，并总结操作要领。

六、评价反馈

（1）针对学生切胡萝卜花刀工操作实训情况，填写评价表7-8-1。

表7-8-1 胡萝卜花刀工操作实训情况评价表

评价内容	成形	规格	过程卫生	装盘卫生	合计
配分	40	40	10	10	100
得分					
扣分说明					

（2）针对学生抛锅实训情况，填写评价表7-8-2。

表7-8-2 抛锅实训情况评价表

评价内容	端锅平	用力均匀无抛撒	手臂姿势正确自然	表情自然	1分钟60次	合计
配分	15	20	25	20	20	100
得分						

注：锅重1000 g，沙750 g。

（3）针对学生本次学习活动的综合表现，填写学习活动评价表 7-8-3。

表 7-8-3　学习活动评价表

考核项目	考核要求	分值	个人评价	组内评价	教师评价
职业素养 （30分）	（1）遵守实训室安全规定	3			
	（2）着装符合规范	3			
	（3）遵守考勤纪律	3			
	（4）保持学习环境干净整洁	3			
	（5）合理规范地使用工具和设备	3			
	（6）具有工作岗位的责任心	3			
	（7）有团队协作能力，主动参与小组讨论	3			
	（8）学习积极主动	3			
	（9）尊敬老师和同学，虚心听取意见	3			
	（10）工作完成后认真清理现场	3			
引导问题完成情况（10分）	（1）能正确使用网络、资料等学习资源	5			
	（2）能按要求回答引导问题	5			
任务完成情况（50分）	（1）能正确理解学习任务的要求	5			
	（2）胡萝卜花加工操作实训	25			
	（3）抛锅实训	20			
作业提交（10分）	（1）能按时提交作业	5			
	（2）能按要求提交作业	5			
总分		100			
小组评语及建议	他（她）做到了： 他（她）的不足： 给他（她）的建议：		组长签名： 日期：		
老师评语与建议			评定等级或分数_____ 教师签名： 日期：		

七、学习拓展

查阅资料，弯刀法还可运用于什么原料？除了胡萝卜花之外，还可加工成什么形状？

学习活动九　剞刀法与抛锅基本功训练

一、学习目标

完成本学习任务后，你应当具备如下能力：
（1）准确查找剞刀法的技术理论；
（2）熟练掌握麦穗花的刀工操作；
（3）熟练掌握抛锅的操作方法。

二、建议课时

3课时。

三、内容结构（见图7-9-1）

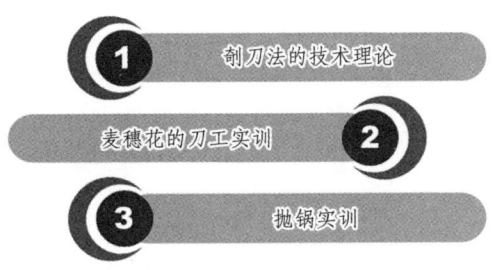

图7-9-1　内容结构

四、引导问题

1. 剞刀法的技术理论

剞刀法又称_____，指在加工后的坯料上，以_____、_____和_____为基础进行_____，使其呈现_____、_____的规则刀纹或将某些原料制成_____时所使用的综合运刀方法。由于运刀_____和_____不同，剞刀法又可分为_____、_____和_____三种。

麦穗花是用_____作原料，在_____一面剞上刀花，经烹制后_____的成形工艺。

2. 麦穗花的规格

_____。

五、学习过程

（1）观看教师示范麦穗花的刀工操作，开展刀法练习实训，并总结操作要领。

（2）开展抛锅实训，并总结操作要领。

 六、评价反馈

（1）针对学生切麦穗花刀工操作实训情况，填写评价表 7-9-1。

表 7-9-1　麦穗花刀工操作实训情况评价表

评价内容	成形	规格	过程卫生	装盘卫生	合计
配分	40	40	10	10	100
得分					
扣分说明					

（2）针对学生抛锅实训情况，填写评价表 7-9-2。

表 7-9-2　抛锅实训情况评价表

评价内容	端锅平	用力均匀无抛撒	手臂姿势正确自然	表情自然	1分钟60次	合计
配分	15	20	25	20	20	100
得分						

注：锅重 1000 g，沙 750 g。

（3）针对学生本次学习活动的综合表现，填写学习活动评价表 7-9-3。

表 7-9-3　学习活动评价表

考核项目	考核要求	分值	个人评价	组内评价	教师评价
职业素养 （30分）	（1）遵守实训室安全规定	3			
	（2）着装符合规范	3			
	（3）遵守考勤纪律	3			
	（4）保持学习环境干净整洁	3			
	（5）合理规范地使用工具和设备	3			
	（6）具有工作岗位的责任心	3			
	（7）有团队协作能力，主动参与小组讨论	3			
	（8）学习积极主动	3			
	（9）尊敬老师和同学，虚心听取意见	3			
	（10）工作完成后认真清理现场	3			
引导问题 完成情况 （10分）	（1）能正确使用网络、资料等学习资源	5			
	（2）能按要求回答引导问题	5			
任务完成 情况 （50分）	（1）能正确理解学习任务的要求	5			
	（2）麦穗花加工操作实训	25			
	（3）抛锅实训	20			
作业提交 （10分）	（1）能按时提交作业	5			
	（2）能按要求提交作业	5			
总分		100			
小组评语 及建议	他（她）做到了： 他（她）的不足： 给他（她）的建议：		组长签名： 日期：		
老师评语 与建议			评定等级或分数_____ 教师签名： 日期：		

七、学习拓展

鲜鱿鱼与涨发好的干鱿鱼切麦穗花时有什么异同？

学习活动十 起刀法与抛锅基本功训练

一、学习目标

完成本学习任务后,你应当具备如下能力:
(1)准确查找起刀法的技术理论;
(2)熟练掌握起生鱼的刀工操作;
(3)熟练掌握抛锅的操作方法。

二、建议课时

3课时。

三、内容结构(见图7-10-1)

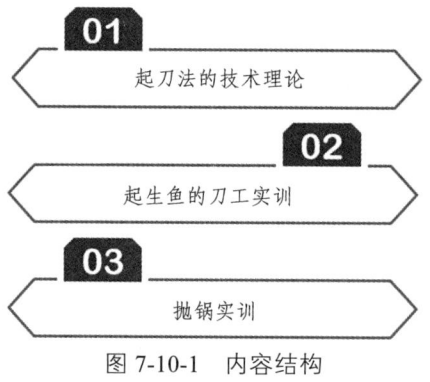

图7-10-1 内容结构

四、引导问题

1. 起刀法的技术理论

起刀法是指分解_____,_____或对同一原料中不同组织分解时所使用的刀法,一般包括_____和_____。整料脱骨是根据烹调的要求,运用一定的刀工技法,将整只原料除净_____,仍保持原料原有完整形态的工艺过程,适用于_____等原料。

2. 起生鱼的技术要求

_____

_____。

五、学习过程

(1)观看教师示范起生鱼的刀工操作,开展刀法练习实训,并总结操作要领。

（2）开展抛锅实训，并总结操作要领。

六、评价反馈

（1）针对学生起生鱼刀工操作实训情况，填写评价表 7-10-1。

表 7-10-1 起生鱼刀工操作实训情况评价表

评价内容	成形	规格	过程卫生	装盘卫生	合计
配分	40	40	10	10	100
得分					
扣分说明					

（2）针对学生抛锅实训情况，填写评价表 7-10-2。

表 7-10-2 抛锅实训情况评价表

评价内容	端锅平	用力均匀无抛撒	手臂姿势正确自然	表情自然	1分钟60次	合计
配分	15	20	25	20	20	100
得分						

注：锅重 1000 g，沙 750 g。

（3）针对学生本次学习活动的综合表现，填写学习活动评价表 7-10-3。

表 7-10-3 学习活动评价表

考核项目	考核要求	分值	个人评价	组内评价	教师评价
职业素养（30分）	（1）遵守实训室安全规定	3			
	（2）着装符合规范	3			
	（3）遵守考勤纪律	3			
	（4）保持学习环境干净整洁	3			
	（5）合理规范地使用工具和设备	3			
	（6）具有工作岗位的责任心	3			

续表

考核项目	考核要求	分值	个人评价	组内评价	教师评价
	（7）有团队协作能力，主动参与小组讨论	3			
	（8）学习积极主动	3			
	（9）尊敬老师和同学，虚心听取意见	3			
	（10）工作完成后认真清理现场	3			
引导问题完成情况（10分）	（1）能正确使用网络、资料等学习资源	5			
	（2）能按要求回答引导问题	5			
任务完成情况（50分）	（1）能正确理解学习任务的要求	5			
	（2）起生鱼加工操作实训	25			
	（3）抛锅实训	20			
作业提交（10分）	（1）能按时提交作业	5			
	（2）能按要求提交作业	5			
总分		100			
小组评语及建议	他（她）做到了： 他（她）的不足： 给他（她）的建议：		组长签名： 日期：		
老师评语与建议			评定等级或分数_____ 教师签名： 日期：		

七、学习拓展

查阅资料，简述宰杀生鱼前先放血的作用。

学习任务八　料头制作

一、学习目标

完成本学习任务后，你应当具备如下能力：
（1）准确查找料头在烹调中的作用；
（2）准确认知料头的用料；
（3）准确查找料头的种类；
（4）熟练掌握常用料头的成形制作。

二、建议课时

6课时。

三、内容结构（见图8-0-1）

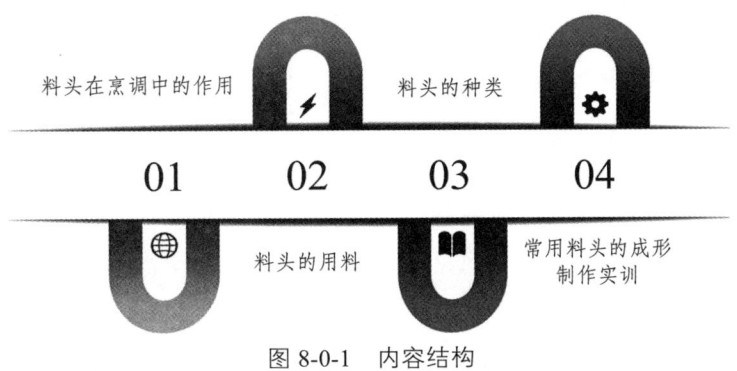

图8-0-1　内容结构

四、引导问题

1. 料头在烹调中的作用

料头无论是对菜品本身还是对菜品的烹饪都起着很好的作用，具体有以下几点：
（1）_____；
（2）_____；
（3）_____；
（4）_____。

2. 料头的用料

料头主要使用_____和_____原料，也使用一些_____原料。常用作料头的原料有_____。

3. 料头的成形

根据表 8-0-1 所示的料头原料经刀工处理的主要成形，填写表 8-0-1。

表 8-0-1　料头的成形

图　片	名　称	成形种类

续表

图　片	名　称	成形种类

五、学习过程

查阅资料，并根据教师示范讲解、小组讨论，完成料头种类列表 8-0-2。

表 8-0-2　料头的种类

序　号	种　类		料头组成
1			
2			
3			
4			
5			
6			
7			

续表

序　号	种　类		料头组成
8			
9			
10			
11			

六、评价反馈

（1）针对学生常用料头的成形制作实训情况，填写评价表 8-0-3。

表 8-0-3　常用料头的成形制作实训情况评价表

评价内容	刀工大小均匀	符合菜肴要求	成形整齐美观	卫生状况	合计
配分	30	25	30	15	100
得分					

（2）针对学生本次学习活动的综合表现，填写学习活动评价表 8-0-4。

表 8-0-4　学习活动评价表

考核项目	考核要求	分值	个人评价	组内评价	教师评价
职业素养（30分）	（1）遵守实训室安全规定	3			
	（2）着装符合规范	3			
	（3）遵守考勤纪律	3			
	（4）保持学习环境干净整洁	3			
	（5）合理规范地使用工具和设备	3			
	（6）具有工作岗位的责任心	3			
	（7）有团队协作能力，主动参与小组讨论	3			
	（8）学习积极主动	3			
	（9）尊敬老师和同学，虚心听取意见	3			
	（10）工作完成后认真清理现场	3			
引导问题完成情况（10分）	（1）能正确使用网络、资料等学习资源	5			
	（2）能按要求回答引导问题	5			
任务完成情况（50分）	（1）能正确理解学习任务的要求	5			
	（2）能正确填写料头种类列表	15			
	（3）常用料头的成形制作实训情况	25			
	（4）能准确完成学习拓展	5			

续表

考核项目	考核要求	分值	个人评价	组内评价	教师评价
作业提交 （10分）	（1）能按时提交作业	5			
	（2）能按要求提交作业	5			
总分		100			
小组评语及建议	他（她）做到了： 他（她）的不足： 给他（她）的建议：		组长签名： 日期：		
老师评语与建议			评定等级或分数_____ 教师签名： 日期：		

七、学习拓展

（1）请简述料头能加工成多种形状规格的原因。

（2）请查阅资料，简述如何根据菜肴种类搭配料头。

学习任务九　餐具配备与菜品装饰

一、学习目标

完成本学习任务后，你应当具备如下能力：
（1）准确查找餐具与菜肴的搭配原则；
（2）准确认知菜品的装饰方法；
（3）准确查找菜品装饰造型的要求；
（4）熟练掌握围边、点缀等造型装饰方法。

二、建议课时

6课时。

三、内容结构（见图9-0-1）

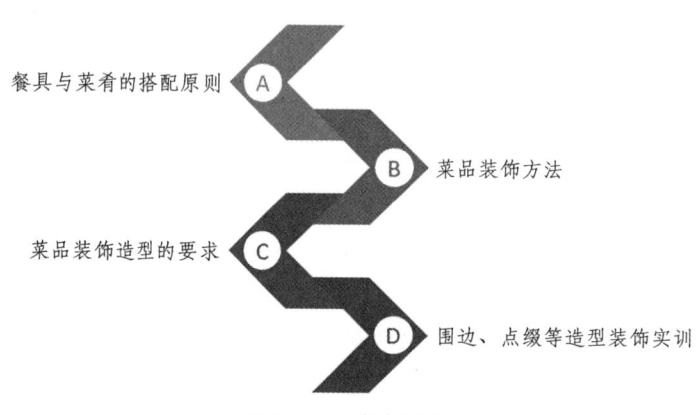

图9-0-1　内容结构

四、引导问题

1. 餐具与菜肴的搭配原则

（1）_____。
菜肴干湿程度不同，餐具配备也不同。干菜一般用_____；煎、炒、炸、爆等无芡汁或虽有芡汁或汤不多的菜肴用_____；汤汁较多的烩、炖、汆等菜肴则用_____。

（2）_____。
餐具的形，可以起到_____的作用，应当把两者看作是一个不可分割的整体。

（3）_____。

数量多的菜肴用_____，数量少的菜肴用较小的盛器。装盘时，应装在_____，不要散到盘子的边缘。装碗时，菜肴一般占据碗的容积_____，汤汁不能涨到碗沿，更不能溢出碗外。有些菜肴数量虽不多，但由于拼装造型修饰的需要，应_____。

（4）_____。

餐具与菜肴颜色搭配得好坏，效果差异很大。这种衬托关系是依据_____决定的。一般讲红色配_____，黄色配_____，绿色配_____，橙色配_____效果不错。

（5）_____。

有些菜肴原料贵，价格高，因此盛装的餐具也应_____。

2. 菜品装饰方法

（1）主体装饰。

主体装饰是利用_____装饰在菜肴主体之上的一类美化形式。这类装饰在_____或_____制作，装饰料都是可食的，并且大多具备美味。

主体装饰常用的方法有_____、_____、_____、_____、_____、_____等。

（2）餐盘装饰。

餐盘装饰是利用_____的物料，在餐盘中采用_____、_____、_____等造型手段，对菜品进行_____或_____的一类装饰方法。这种装饰如同_____，可使菜品更加突出、充实、丰富、和谐。

餐盘装饰常用的方法有_____、_____、_____。

3. 菜品装饰造型的要求

（1）_____；
（2）_____；
（3）_____；
（4）_____；
（5）_____。

小词典

覆盖装饰法：将色彩艳丽、风味鲜香的原料，有顺序地排在菜肴顶端的一种装饰方法，好像给菜品戴上帽子。

散点装饰法：将细碎的原料撒在成熟的菜肴表面的一种装饰方法。其强调色的对比，形式活泼，不拘一格，主要起增色或辅味的作用，但要求形散而意不散。

牵花装饰法：将不同颜色的原料制成小件放在菜品上，拼成各式各样的纹样或图案。这种装饰只能在成熟前的菜肴上操作，且要求菜肴表面平整，装饰精致。

图案装饰法：用可食性原料拼成象形图案于菜肴上，使整个菜品具有一定的物象特征的一种装饰方法。

构形装饰法：多用于造型的菜肴，是在菜品装盘时用与菜品形态和色彩相称的装饰料点缀，以构成完整菜品形象的装饰方法。

间隔装饰法：用于排列整齐有序的一类菜品，是在菜品空隙处装饰的方法。

衬垫装饰法：将一种原料垫于另一种原料之下，通常适用于动物性原料烹制的菜品。在装盘时，先在盘子底下垫上蔬菜，既起到撑形的作用，又起到色彩对比、荤素搭配、营养互补的作用，使菜品更为悦目。

点缀装饰法：用少量的原料通过一定的加工，在餐盘中对称或不对称摆放，与菜品形成对比与呼应，使菜品重心突出的美化方法。点缀装饰法又有对称点缀、中心点缀和局部点缀三种形式。

围边装饰法：围边也称"镶边"，多选用颜色比较鲜艳的水果、蔬菜等原料，采用一定的技法加工成需要的形状，整齐排列，围在餐盘的边缘构成相应的图案，对菜品进行装饰的方法。围边多用于热菜的装饰，围边装饰能把零碎散乱的菜肴统一起来。按围边的方式来分，有全围、散围、围边和立雕组合三种；按围边的构图来分，有几何形、象形构图两种。

套盘装饰法：将精致的餐盘，或形制、材质很特别的容器，套放于另一只较大的餐盘中，利用餐具的组合对菜品起到分割或集中的美化作用。

五、学习过程

（1）根据教师示范讲解，并开展围边造型装饰实训，将操作过程及质量要求填入表 9-0-1。

表 9-0-1　围边造型装饰操作过程及质量要求

围边方法	所用原料	操作过程	质量要求
全围法			
散围法			
围边和立雕组合法			

（2）根据教师示范讲解，并开展点缀造型装饰实训，将操作过程及质量要求填入表 9-0-2。

表 9-0-2　点缀造型装饰操作过程及质量要求

围边方法	所用原料	操作过程	质量要求
对称点缀			
中心点缀			
局部点缀			

六、评价反馈

（1）针对学生围边造型装饰实训情况，填写评价表9-0-3。

表9-0-3 围边造型装饰实训情况评价表

评价内容	颜色搭配合理	造型形象逼真	成品总体协调度	卫生状况	合计
配分	30	30	30	10	100
得分					

（2）针对学生点缀造型装饰实训情况，填写评价表9-0-4。

表9-0-4 点缀造型装饰实训情况评价表

评价内容	颜色搭配合理	造型形象逼真	成品总体协调度	卫生状况	合计
配分	30	30	30	10	100
得分					

（3）针对学生本次学习活动的综合表现，填写学习活动评价表9-0-5。

表9-0-5 学习活动评价表

考核项目	考核要求	分值	个人评价	组内评价	教师评价
职业素养（30分）	（1）遵守实训室安全规定	3			
	（2）着装符合规范	3			
	（3）遵守考勤纪律	3			
	（4）保持学习环境干净整洁	3			
	（5）合理规范地使用工具和设备	3			
	（6）具有工作岗位的责任心	3			
	（7）有团队协作能力，主动参与小组讨论	3			
	（8）学习积极主动	3			
	（9）尊敬老师和同学，虚心听取意见	3			
	（10）工作完成后认真清理现场	3			
引导问题完成情况（10分）	（1）能正确使用网络、资料等学习资源	5			
	（2）能按要求回答引导问题	5			
任务完成情况（50分）	（1）能正确理解学习任务的要求	5			
	（2）围边造型装饰实训	20			
	（3）点缀造型装饰实训	20			
	（4）能准确完成学习拓展	5			
作业提交（10分）	（1）能按时提交作业	5			
	（2）能按要求提交作业	5			
总分		100			

续表

考核项目	考核要求	分值	个人评价	组内评价	教师评价
小组评语及建议	他（她）做到了： 他（她）的不足： 给他（她）的建议：		组长签名： 日期：		
老师评语与建议			评定等级或分数_____ 教师签名： 日期：		

 七、学习拓展

请查阅资料，简述对称点缀、中心点缀和局部点缀三种点缀方法的概念。

学习任务十　水台初加工

一、学习目标

完成本学习任务后，你应当具备如下能力：
（1）准确查找水产品、蔬果类原料、禽鸟类原料初加工的基本要求；
（2）准确认知鱼类、虾及蟹、蔬果类原料初加工的方法；
（3）熟练掌握鱼类、虾及蟹、蔬果类原料、禽鸟类原料初加工的方法。

二、建议课时

24 课时。

三、学习流程与活动

（1）学习活动一　鱼类的初加工
（2）学习活动二　虾及蟹的初加工
（3）学习活动三　蔬果类原料的初加工
（4）学习活动四　禽鸟类的初加工

学习活动一　鱼类的初加工

一、学习目标

完成本学习任务后，你应当具备如下能力：
（1）准确查找水产品初加工的基本要求；
（2）准确认知鱼类初加工的方法及操作技巧；
（3）熟练掌握开腹取脏法对草鱼进行初加工；
（4）熟练掌握夹鳃取脏法对鲈鱼进行初加工；
（5）熟练掌握开背取脏法对生鱼进行初加工。

二、建议课时

6 课时。

三、内容结构（见图 10-1-1）

图 10-1-1　内容结构

四、引导问题

1. 水产品初加工的基本要求

各类水产品的加工方法不尽相同，各有其具体的要求，但所有水产品的加工方法都应符合以下基本要求：

（1）_____；

（2）_____；

（3）_____；

（4）_____。

2. 鱼类初加工的方法

鱼类初加工的基本方法包括五个步骤：

（1）_____，其目的是_____。

（2）_____。

（3）_____。

（4）_____，其方法有三种，分别是_____、_____、_____。

（5）_____。

 小词典

打鳞：用鱼鳞刨或刀从鱼尾部向头部刮出鱼鳞。打鳞时不可弄破鱼皮，用刀打鳞时精神要集中，注意安全。

开腹取脏法（腹取法）：在鱼的胸鳍与肛门之间直切一刀，切开鱼腹，取出内脏，刮净腹黑膜。此方法简单、方便、快捷，使用最广泛。

夹鳃取脏法（鳃取法）：在肛门前 1 厘米处横切一刀，然后用专用铁钳或竹枝从鳃盖插入，夹住鱼鳃缠拧，在拧出鱼鳃的同时把内脏也拧出。此法能最大限度地保持鱼体外形完整，常用于原条使用的名贵鱼种。

开背取脏法（背取法）：沿背鳍下刀，贴着脊背和肋骨切开鱼背，取出内脏及鱼鳃。此法能在视觉上增大鱼体，美化鱼形，并能除去脊骨和肋骨。

五、学习过程

（1）根据教师示范讲解，并开展草鱼初加工实训，将开腹取脏法宰杀草鱼工艺流程填入表10-1-1。

表10-1-1　开腹取脏法宰杀草鱼工艺流程

步骤	工艺流程	工艺方法及要领
1		
2		
3		
4		
5		
成品标准		

（2）根据教师示范讲解，并开展鲈鱼初加工实训，将夹鳃取脏法宰杀鲈鱼工艺流程填入表10-1-2。

表10-1-2　夹鳃取脏法宰杀鲈鱼工艺流程

步骤	工艺流程	工艺方法及要领
1		
2		
3		
4		
成品标准		

（3）根据教师示范讲解，并开展生鱼初加工实训，将开背取脏法宰杀生鱼工艺流程填入表10-1-3。

表10-1-3　开背取脏法宰杀生鱼工艺流程

步骤	工艺流程	工艺方法及要领
1		
2		
3		
4		
5		
6		
成品标准		

六、评价反馈

（1）针对学生开腹取脏法宰杀草鱼的实训情况，填写评价表10-1-4。

表 10-1-4　开腹取脏法宰杀草鱼实训情况评价表

评价内容	除净污秽杂质	加工方法正确	成形整齐美观	符合菜肴要求	合计
配分	25	25	25	25	100
得分					

（2）针对学生夹鳃取脏法宰杀鲈鱼的实训情况，填写评价表 10-1-5。

表 10-1-5　夹鳃取脏法宰杀鲈鱼实训情况评价表

评价内容	除净污秽杂质	加工方法正确	成形整齐美观	符合菜肴要求	合计
配分	25	25	25	25	100
得分					

（3）针对学生开背取脏法宰杀生鱼的实训情况，填写评价表 10-1-6。

表 10-1-6　开背取脏法宰杀生鱼实训情况评价表

评价内容	除净污秽杂质	加工方法正确	成形整齐美观	符合菜肴要求	合计
配分	25	25	25	25	100
得分					

（4）针对学生本次学习活动的综合表现，填写学习活动评价表 10-1-7。

表 10-1-7　学习活动评价表

考核项目	考核要求	分值	个人评价	组内评价	教师评价
职业素养（30分）	（1）遵守实训室安全规定	3			
	（2）着装符合规范	3			
	（3）遵守考勤纪律	3			
	（4）保持学习环境干净整洁	3			
	（5）合理规范地使用工具和设备	3			
	（6）具有工作岗位的责任心	3			
	（7）有团队协作能力，主动参与小组讨论	3			
	（8）学习积极主动	3			
	（9）尊敬老师和同学，虚心听取意见	3			
	（10）工作完成后认真清理现场	3			
引导问题完成情况（10分）	（1）能正确使用网络、资料等学习资源	5			
	（2）能按要求回答引导问题	5			
任务完成情况（50分）	（1）能正确理解学习任务的要求	5			
	（2）开腹取脏法宰杀草鱼实训情况	15			
	（3）夹鳃取脏法宰杀鲈鱼的实训情况	15			
	（4）开背取脏法宰杀生鱼实训情况	10			
	（5）能准确完成学习拓展	5			

续表

考核项目	考核要求	分值	个人评价	组内评价	教师评价
作业提交（10分）	（1）能按时提交作业	5			
	（2）能按要求提交作业	5			
总分		100			
小组评语及建议	他（她）做到了： 他（她）的不足： 给他（她）的建议：		组长签名： 日期：		
老师评语与建议			评定等级或分数_____ 教师签名： 日期：		

 七、学习拓展

（1）在初加工鱼类时，为什么要严格按加工步骤进行操作？加工顺序的倒置会有怎样的后果？

（2）如果在初加工过程中没有除净黑膜，会对菜肴有怎样的影响？

学习活动二　虾及蟹的初加工

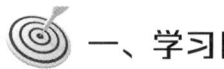 **一、学习目标**

完成本学习任务后，你应当具备如下能力：
（1）准确查找虾、蟹的初加工的基本要求；
（2）准确认知虾、蟹的初加工的方法及操作技巧；
（3）熟练掌握虾的初加工；

（4）熟练掌握蟹的初加工。

二、建议课时

6课时。

三、内容结构（见图10-2-1）

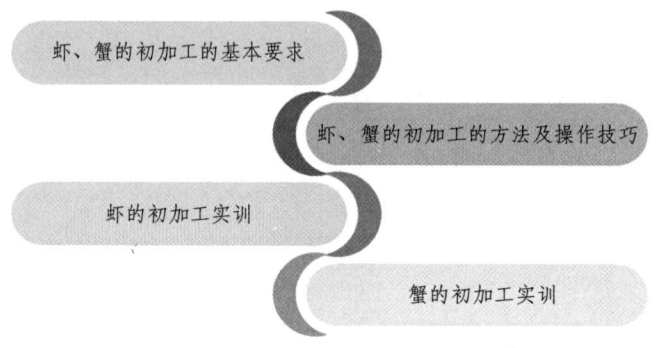

图10-2-1　内容结构

四、引导问题

1. 虾的初加工的基本要求

（1）_____，尤其是要_____；

（2）_____；

（3）_____；

（4）_____。

2. 蟹的初加工的基本要求

（1）蟹在宰杀前应放置_____中活养一段时间，以便_____。

（2）死蟹的蛋白质极易分解而导致_____，还有体内的_____易分解为有毒的组胺，故_____。

（3）新鲜的蟹腿肉坚实，_____，_____，背壳色_____，腹白_____，翻扣后能_____。

> 💡 **小提示**
>
> ◇ 虾的初加工的注意事项：虾线是虾的消化道，充满了杂质与污物，并且遗留虾线会影响菜肴的口感，尤其是白蒸和酒焖的时候，虾线中含有苦味的物质，在热作用下会掩盖鲜虾清甜的味道。

五、学习过程

(1) 根据教师示范讲解,开展虾的初加工实训,并将工艺流程及操作方法要领填入表 10-2-1。

表 10-2-1 虾的初加工工艺流程

工艺流程		
操作方法及要领	白灼	
	煎、焗	
	取虾肉	
	酿	
	直虾	

(2) 根据教师示范讲解,开展蟹的初加工实训,并将工艺流程及操作方法要领填入表 10-2-2。

表 10-2-2 蟹的初加工工艺流程

工艺流程		
操作方法及要领	宰蟹	
	拆蟹肉	
	原只	

六、评价反馈

(1) 针对学生完成虾的初加工实训情况,填写评价表 10-2-3。

表 10-2-3 虾的初加工实训情况评价表

评价内容	除净污秽杂质	加工方法正确	成形整齐美观	符合菜肴要求	合计
配分	25	25	25	25	100
得分					

(2) 针对学生完成蟹的初加工实训情况,填写评价表 10-2-4。

表 10-2-4 蟹的初加工实训情况评价表

评价内容	除净污秽杂质	加工方法正确	成形整齐美观	符合菜肴要求	合计
配分	25	25	25	25	100
得分					

(3) 针对学生本次学习活动的综合表现,填写学习活动评价表 10-2-5。

表 10-2-5　学习活动评价表

考核项目	考核要求	分值	个人评价	组内评价	教师评价
职业素养（30分）	（1）遵守实训室安全规定	3			
	（2）着装符合规范	3			
	（3）遵守考勤纪律	3			
	（4）保持学习环境干净整洁	3			
	（5）合理规范地使用工具和设备	3			
	（6）具有工作岗位的责任心	3			
	（7）有团队协作能力，主动参与小组讨论	3			
	（8）学习积极主动	3			
	（9）尊敬老师和同学，虚心听取意见	3			
	（10）工作完成后认真清理现场	3			
引导问题完成情况（10分）	（1）能正确使用网络、资料等学习资源	5			
	（2）能按要求回答引导问题	5			
任务完成情况（50分）	（1）能正确理解学习任务的要求	5			
	（2）虾的初加工实训情况	20			
	（3）蟹的初加工实训情况	20			
	（4）能准确完成学习拓展	5			
作业提交（10分）	（1）能按时提交作业	5			
	（2）能按要求提交作业	5			
	总分	100			
小组评语及建议	他（她）做到了： 他（她）的不足： 给他（她）的建议：		组长签名： 日期：		
老师评语与建议			评定等级或分数_____ 教师签名： 日期：		

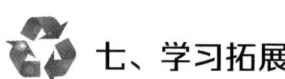

七、学习拓展

（1）怎样鉴定虾类的品质？

（2）请查阅资料，简述田鸡的初加工方法。

学习活动三　蔬果类原料的初加工

一、学习目标

完成本学习任务后，你应当具备如下能力：
（1）准确查找蔬果类原料初加工的基本要求；
（2）准确认知叶菜类、根茎类、花果类原料初加工的步骤；
（3）熟练掌握菜软的剪菜加工方法；
（4）熟练掌握生菜的菜胆加工方法；
（5）熟练掌握马铃薯的削皮加工方法；
（6）熟练掌握生姜的去皮加工方法。

二、建议课时

6课时。

三、内容结构（见图10-3-1）

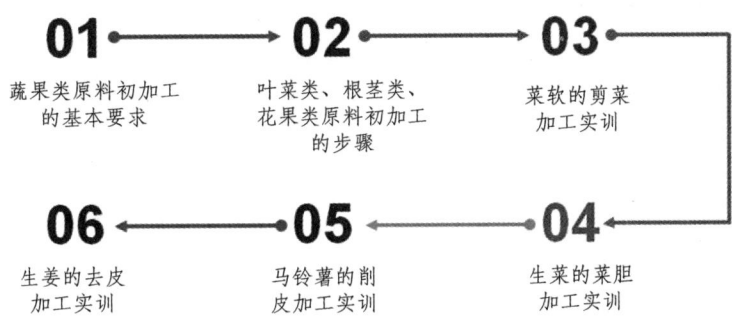

图10-3-1　内容结构

四、引导问题

1. 蔬果类原料初加工的基本要求

蔬果类原料，在烹饪中的用途很广，销量也较多，这类原料既能做_____，也能做_____，还能做_____。任何菜肴，如果没有蔬果类原料的配合，很难达到_____、_____、_____、_____俱佳的效果。

根据蔬果类原料的共同特点，其初加工应符合以下基本要求：

（1）_____；
（2）_____；
（3）_____；
（4）_____；
（5）_____；
（6）_____。

2. 叶菜类原料初加工的步骤

（1）_____。先认真选择整理，如有杂物、烂叶等一定_____；有些蔬菜还要去掉_____、_____、_____等。

（2）_____。叶菜类原料经选择后，要进行洗涤，根据不同的情况采用不同的方法，主要有清水洗、_____、_____、_____等。

> **小提示**
>
> 常用的洗涤方法：
> - 冷水洗涤：主要用于较为新鲜整齐的叶菜类。洗菜时，先用冷水浸泡一会儿，使附在原料表面或叶中的灰尘、污物回软，再进行洗涤。
> - 盐水洗涤：主要用于容易附有虫卵的叶菜类原料。将叶菜类用含2%~3%的食盐水溶液浸泡片刻（5~10分钟），使虫卵吸盘收缩，浮于水面，再进行洗涤。
> - 高锰酸钾溶液洗涤：主要用于冷吃菜肴的原料，如生菜、青瓜等。洗涤时先放入含0.03%的高锰酸钾水溶液，再将原料洗净后泡5分钟左右，可以起到杀菌的作用。

3. 根茎类原料初加工的步骤

有些根茎类蔬菜原料带有_____、_____、_____，在初步整理时应该除去。原料经刮削处理后，还要_____，一般用_____洗净即可。但这些原料（如马铃薯、茄子等）容易因_____而变色，因此这类原料去皮后应立即洗涤，一时不用，可用_____，甚至在水中加几滴_____，以防变色。

4. 花果类原料初加工的步骤

花果类蔬菜原料，初步处理时主要是掐去_____，切去_____，削去_____，挖除_____，有些瓜果还需要削皮。

五、学习过程

（1）根据教师示范讲解，开展菜软的剪菜加工实训，并将工艺流程及操作方法要领填入表10-3-1。

表 10-3-1　菜软的剪菜加工工艺流程

工艺流程	
操作方法及要领	

（2）根据教师示范讲解，开展生菜的菜胆加工实训，并将工艺流程及操作方法要领填入表 10-3-2。

表 10-3-2　生菜的菜胆加工工艺流程

工艺流程	
操作方法及要领	

（3）根据教师示范讲解，开展马铃薯的削皮加工实训，并将工艺流程及操作方法要领填入表 10-3-3。

表 10-3-3　马铃薯的削皮加工工艺流程

工艺流程	
操作方法及要领	

（4）根据教师示范讲解，开展生姜的去皮加工实训，并将工艺流程及操作方法要领填入表 10-3-4。

表 10-3-4　生姜的去皮加工工艺流程

工艺流程	
操作方法及要领	

 小提示

- 剪菜加工的注意事项：第一，必须将老的、腐烂的和不能食用的部分清除干净；第二，要尽量利用可食部分，防止浪费。
- 菜胆加工的注意事项：第一，菜胆的根、茎、叶部分隐藏较多的虫卵、杂物及泥沙，必须轻轻张开用水冲洗干净，以保证卫生，使菜肴符合食用要求；第二，对菜胆的成形规格要严格配合烹饪要求。
- 削皮加工的注意事项：第一，要确保削皮干净利落；第二，要确保最大限度地利用可食部分，保证原料外形完整。
- 去皮加工的注意事项：使用刀具或手工，将原料表皮剥离，可采用"刮"的技法进行操作。

六、评价反馈

(1)针对学生菜软的剪菜加工实训情况,填写评价表 10-3-5。

表 10-3-5　菜软的剪菜加工实训情况评价表

评价内容	剪菜的规格	剪菜的方法	卫生状况	合计
配分	70	20	10	100
得分				

(2)针对学生生菜的菜胆加工实训情况,填写评价表 10-3-6。

表 10-3-6　生菜的菜胆加工实训情况评价表

评价内容	菜胆加工的规格	菜胆加工的方法	卫生状况	合计
配分	70	20	10	100
得分				

(3)针对学生马铃薯的削皮加工实训情况,填写评价表 10-3-7。

表 10-3-7　马铃薯的削皮加工实训情况评价表

评价内容	削皮后的原料状况	削皮的方法	卫生状况	合理放置	合计
配分	30	40	10	20	100
得分					

(4)针对学生生姜的去皮加工实训情况,填写评价表 10-3-8。

表 10-3-8　生姜的去皮加工实训情况评价表

评价内容	去皮后的原料状况	去皮的方法	卫生状况	合理放置	合计
配分	30	40	10	20	100
得分					

(5)针对学生本次学习活动的综合表现,填写学习活动评价表 10-3-9。

表 10-3-9　学习活动评价表

考核项目	考核要求	分值	个人评价	组内评价	教师评价
职业素养 (30分)	(1)遵守实训室安全规定	3			
	(2)着装符合规范	3			
	(3)遵守考勤纪律	3			
	(4)保持学习环境干净整洁	3			
	(5)合理规范地使用工具和设备	3			
	(6)具有工作岗位的责任心	3			
	(7)有团队协作能力,主动参与小组讨论	3			
	(8)学习积极主动	3			
	(9)尊敬老师和同学,虚心听取意见	3			
	(10)工作完成后认真清理现场	3			

续表

考核项目	考核要求	分值	个人评价	组内评价	教师评价
引导问题完成情况（10分）	（1）能正确使用网络、资料等学习资源	5			
	（2）能按要求回答引导问题	5			
任务完成情况（50分）	（1）能正确理解学习任务的要求	5			
	（2）蔬果类原料初加工实训情况	35			
	（3）能准确完成学习拓展	10			
作业提交（10分）	（1）能按时提交作业	5			
	（2）能按要求提交作业	5			
总分		100			
小组评语及建议	他（她）做到了： 他（她）的不足： 给他（她）的建议：		组长签名： 日期：		
老师评语与建议			评定等级或分数_____ 教师签名： 日期：		

 七、学习拓展

（1）需要进行去皮加工的原料都有哪些特点？

（2）原料去皮后如何放置才最合理？

学习活动四　禽鸟类的初加工

一、学习目标

完成本学习任务后，你应当具备如下能力：
（1）准确查找禽鸟类初加工的基本要求；

（2）准确认知禽鸟类初加工的方法；
（3）熟练掌握宰杀活鸡的方法；
（4）熟练掌握光鸡的加工方法；
（5）熟练掌握起鸡肉的方法。

二、建议课时

6课时。

三、内容结构（见图10-4-1）

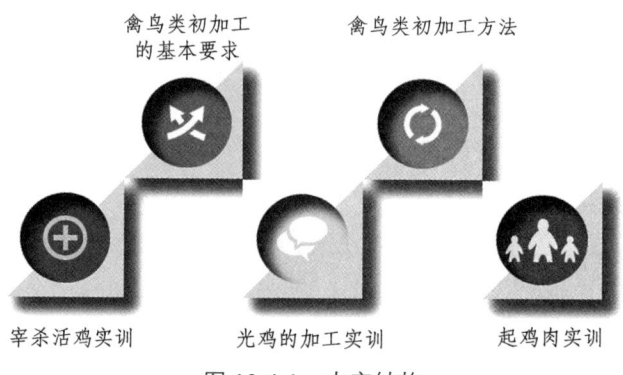

图 10-4-1　内容结构

四、引导问题

1. 禽鸟类初加工的基本要求

（1）＿＿＿＿＿＿＿＿＿＿＿＿＿＿＿＿＿＿＿＿＿＿＿＿＿＿＿＿＿＿＿＿＿＿＿＿＿＿；
（2）＿＿＿＿＿＿＿＿＿＿＿＿＿＿＿＿＿＿＿＿＿＿＿＿＿＿＿＿＿＿＿＿＿＿＿＿＿＿；
（3）＿＿＿＿＿＿＿＿＿＿＿＿＿＿＿＿＿＿＿＿＿＿＿＿＿＿＿＿＿＿＿＿＿＿＿＿＿＿；
（4）＿＿＿＿＿＿＿＿＿＿＿＿＿＿＿＿＿＿＿＿＿＿＿＿＿＿＿＿＿＿＿＿＿＿＿＿＿＿；
（5）＿＿＿＿＿＿＿＿＿＿＿＿＿＿＿＿＿＿＿＿＿＿＿＿＿＿＿＿＿＿＿＿＿＿＿＿＿＿；
（6）＿＿＿＿＿＿＿＿＿＿＿＿＿＿＿＿＿＿＿＿＿＿＿＿＿＿＿＿＿＿＿＿＿＿＿＿＿＿。

2. 禽鸟类初加工方法

禽鸟类的初加工，基本方法均相同。对于活禽，先行＿＿＿＿＿＿＿＿后＿＿＿＿＿＿＿＿＿，剖开＿＿＿＿＿＿＿＿再洗净；对于光禽，只需＿＿＿＿＿＿＿＿＿＿再洗净即可。禽鸟类初加工，大致有四个过程：

（1）＿＿＿＿＿＿＿＿＿＿＿＿。首先准备大碗，碗中放入＿＿＿＿＿＿＿＿＿＿＿＿＿＿＿＿。拔去＿＿＿＿＿＿＿，用刀割断＿＿＿＿＿＿＿＿＿＿＿＿＿＿＿，割完后右手捉禽头，左手捉住双脚并＿＿＿＿＿＿＿＿，倾斜禽身，让大碗接受＿＿＿＿＿＿＿＿，用筷搅拌，使之＿＿＿＿＿＿＿＿。

（2）＿＿＿＿＿＿＿＿＿＿＿＿＿＿＿＿。必须等待禽类＿＿＿＿＿＿＿＿＿＿＿＿，双脚不抽动时才开始拔毛，否则时间太短不容易拔除。拔毛前先＿＿＿＿＿＿＿＿＿＿＿＿＿＿＿＿，热水温度＿＿＿＿＿＿＿＿＿＿＿＿＿＿＿＿＿＿＿。

（3）＿＿＿＿＿＿＿＿＿＿＿＿＿＿＿＿。开胸的目的是＿＿＿＿＿＿＿＿＿＿＿＿，但应配合烹调的需要而改变＿＿＿＿＿＿＿＿＿＿＿。以全禽烹调时有＿＿＿＿＿＿＿＿、＿＿＿＿＿＿＿＿、＿＿＿＿＿＿＿＿＿＿三种剖开法，均需保持＿＿＿＿＿＿＿＿＿＿＿＿＿＿＿＿＿＿＿＿。

（4）_____。禽类的内脏，除_____、_____、_____、_____外，均可食用。

> **小提示**
>
> ◇ 开胸法：最适合一般的调理，首先从禽项与背骨间切开，取出气管与食道，再于肛门与腹部切开约6厘米的口，小心取出内脏，洗净。
> ◇ 开肋法：从翼下切开。该法适合烤鸭的烹调，此剖法使其在烘烤时不致于滴漏油汁。
> ◇ 开背法：剖开背部。该方法适合于装填东西，盛在盘中时胸部朝上，则看不见切口。切块或切丝时的剖开法较为简单，只需剖开腹部取出内脏即可。

五、学习过程

（1）根据教师示范讲解，并开展宰杀活鸡实训，将宰杀活鸡工艺流程填入表10-4-1。

表10-4-1　宰杀活鸡工艺流程

步骤	工艺流程	工艺方法及要领
1		
2		
3		
4		
成品标准		

（2）根据教师示范讲解，并开展光鸡加工实训，将光鸡加工工艺方法填入表10-4-2。

表10-4-2　光鸡加工工艺方法

序号	工艺方法	操作要领
1	腹开	
2	脊开	
3	肋开	

（3）根据教师示范讲解，并开展起鸡肉实训，将起鸡肉工艺流程填入表10-4-3。

表 10-4-3　起鸡肉工艺流程

步骤	工艺流程	工艺方法及要领
1		
2		
3		
4		
5		
6		
成品标准		

六、评价反馈

（1）针对学生完成宰杀活鸡实训情况，填写评价表 10-4-4。

表 10-4-4　宰杀活鸡实训情况评价表

评价内容	外形状况	禽毛血水褪净	内脏处理	卫生状况	合计
配分	30	25	25	20	100
得分					

（2）针对学生完成光鸡加工实训情况，填写评价表 10-4-5。

表 10-4-5　光鸡加工实训情况评价表

评价内容	外形状况	内脏处理	卫生状况	合计
配分	35	45	20	100
得分				

（3）针对学生完成起鸡肉实训情况，填写评价表 10-4-6。

表 10-4-6　起鸡肉实训情况评价表

评价内容	刀工正确	骨肉脱离干净	起肉完整	卫生状况	合计
配分	30	30	30	10	100
得分					

（4）针对学生本次学习活动的综合表现，填写学习活动评价表 10-4-7。

表 10-4-7　学习活动评价表

考核项目	考核要求	分值	个人评价	组内评价	教师评价
职业素养（30分）	（1）遵守实训室安全规定	3			
	（2）着装符合规范	3			
	（3）遵守考勤纪律	3			
	（4）保持学习环境干净整洁	3			
	（5）合理规范地使用工具和设备	3			
	（6）具有工作岗位的责任心	3			

续表

考核项目	考核要求	分值	个人评价	组内评价	教师评价
职业素养（30分）	（7）有团队协作能力，主动参与小组讨论	3			
	（8）学习积极主动	3			
	（9）尊敬老师和同学，虚心听取意见	3			
	（10）工作完成后认真清理现场	3			
引导问题完成情况（10分）	（1）能正确使用网络、资料等学习资源	5			
	（2）能按要求回答引导问题	5			
任务完成情况（50分）	（1）能正确理解学习任务的要求	5			
	（2）宰杀活鸡实训情况	15			
	（3）光鸡加工实训情况	15			
	（4）起鸡肉实训情况	10			
	（5）能准确完成学习拓展	5			
作业提交（10分）	（1）能按时提交作业	5			
	（2）能按要求提交作业	5			
总分		100			
小组评语及建议	他（她）做到了： 他（她）的不足： 给他（她）的建议：		组长签名： 日期：		
老师评语与建议			评定等级或分数_____ 教师签名： 日期：		

七、学习拓展

（1）思考如何能在禽类初加工过程中避免浪费。

（2）查阅资料，绘制不同禽鸟种类烫毛水温参考表。

学习任务十一　初级菜肴制作

 一、学习目标

完成本学习任务后，你应当具备如下能力：
（1）熟练掌握尖椒土豆丝等十六种初级菜肴的制作方法和程序；
（2）熟练掌握火候的运用原则与方法；
（3）熟练掌握基本的调味方法。

 二、建议课时

48 课时。

三、学习流程与活动

（1）学习活动一　　尖椒土豆丝、香葱鸡蛋炒饭的制作
（2）学习活动二　　广州炒饭、扬州炒饭的制作
（3）学习活动三　　生炒鸡粒饭、肉丝炒面的制作
（4）学习活动四　　韭黄炒米粉、肉片汤米粉的制作
（5）学习活动五　　蒜蓉炒菜心、菜软炒生鱼片的制作
（6）学习活动六　　干炒牛河、煎酿豆腐的制作
（7）学习活动七　　菜圃煎蛋、煎蛋角煮腐竹的制作
（8）学习活动八　　大良煎虾饼、煎酿椒子的制作

学习活动一　尖椒土豆丝、香葱鸡蛋炒饭的制作

一、学习目标

完成本学习任务后，你应当具备如下能力：
（1）熟练掌握尖椒土豆丝、香葱鸡蛋炒饭的制作方法和程序；
（2）熟练掌握火候的运用；
（3）熟练掌握尖椒土豆丝、香葱鸡蛋炒饭的调味方法。

 二、建议课时

6 课时。

三、内容结构（见图 11-1-1）

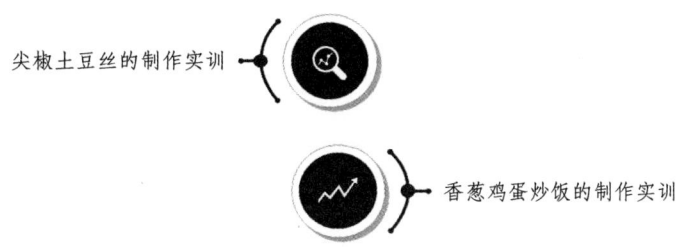

图 11-1-1　内容结构

四、引导问题

1. 原料知识

（1）土豆中含有丰富的_____，可以有效地预防_____，同时还能改善_____。

（2）凡腐烂、霉烂或生芽较多的土豆，因含过量_____，极易引起_____，一律不能食用。

（3）香葱植株小，叶极细，质地_____，味_____，_____，主要用于_____。

（4）鸡蛋的蛋白质主要为_____和_____，其中含有人体必需的_____氨基酸，并与_____的组成极为近似，人体对鸡蛋蛋白质的吸收率可高达_____。鸡蛋黄中含有较多的_____。每人每天以吃_____个鸡蛋为宜，这样既有利于_____，又能满足机体的需要。

2. 尖椒土豆丝实训准备

（1）实训工具：_____。

（2）实训材料：

原料：_____。

调料：_____。

料头：_____。

3. 香葱鸡蛋炒饭实训准备

（1）实训工具：_____。

（2）实训材料：

原料：_____。

调料：_____。

料头：_____。

五、学习过程

（1）根据教师示范讲解，并开展尖椒土豆丝的制作实训，将工艺流程及操作过程填入表 11-1-1。

表 11-1-1　尖椒土豆丝的工艺流程及操作过程

实训品种	尖椒土豆丝
工艺流程	

续表

实训品种	尖椒土豆丝
操作过程	
操作要领	

（2）根据教师示范讲解，并开展香葱鸡蛋炒饭的制作实训，将工艺流程及操作过程填入表 11-1-2。

表 11-1-2 香葱鸡蛋炒饭的工艺流程及操作过程

实训品种	香葱鸡蛋炒饭
工艺流程	
操作过程	
操作要领	

六、评价反馈

（1）针对学生尖椒土豆丝制作的实训情况，填写评价表 11-1-3。

表 11-1-3 尖椒土豆丝制作实训情况评价表

评价内容	色泽搭配	菜肴香气	菜肴口味	形状外观	卫生状况	合计
配分	20	20	20	30	10	100
得分						

（2）针对学生香葱鸡蛋炒饭制作的实训情况，填写评价表 11-1-4。

表 11-1-4 香葱鸡蛋炒饭制作实训情况评价表

评价内容	色泽搭配	菜肴香气	菜肴口味	形状外观	卫生状况	合计
配分	20	20	20	30	10	100
得分						

（3）针对学生本次学习活动的综合表现，填写学习活动评价表11-1-5。

表11-1-5　学习活动评价表

考核项目	考核要求	分值	个人评价	组内评价	教师评价
职业素养（30分）	（1）遵守实训室安全规定	3			
	（2）着装符合规范	3			
	（3）遵守考勤纪律	3			
	（4）保持学习环境干净整洁	3			
	（5）合理规范地使用工具和设备	3			
	（6）具有工作岗位的责任心	3			
	（7）有团队协作能力，主动参与小组讨论	3			
	（8）学习积极主动	3			
	（9）尊敬老师和同学，虚心听取意见	3			
	（10）工作完成后认真清理现场	3			
引导问题完成情况（10分）	（1）能正确使用网络、资料等学习资源	5			
	（2）能按要求回答引导问题	5			
任务完成情况（50分）	（1）能正确理解学习任务的要求	5			
	（2）尖椒土豆丝制作实训情况	25			
	（3）香葱鸡蛋炒饭制作实训情况	20			
作业提交（10分）	（1）能按时提交作业	5			
	（2）能按要求提交作业	5			
总分		100			
小组评语及建议	他（她）做到了： 他（她）的不足： 给他（她）的建议：		组长签名： 日期：		
老师评语与建议			评定等级或分数_____ 教师签名： 日期：		

七、学习拓展

（1）查阅资料，分析人们经常把切好的土豆片、土豆丝放入水中的原因。

（2）如何鉴别鸡蛋的新鲜度？

学习活动二　广州炒饭、扬州炒饭的制作

一、学习目标

完成本学习任务后，你应当具备如下能力：
（1）熟练掌握广州炒饭、扬州炒饭的制作方法和程序；
（2）熟练掌握火候的运用；
（3）熟练掌握广州炒饭、扬州炒饭的调味方法。

二、建议课时

6课时。

三、内容结构（见图11-2-1）

图11-2-1　内容结构

四、引导问题

1. 原料知识

（1）香肠分为_____，广州炒饭选取_____香肠。
（2）香肠的品质以_____为佳。

2. 广州炒饭实训准备

（1）实训工具：_____。

（2）实训材料：

原料：_____。

调料：_____。

料头：_____。

3. 扬州炒饭的质量要求

（1）扬州炒饭选料严谨、_____、_____，而且_____。

（2）炒制完成后，_____、_____、_____、色彩调和、光泽饱满、_____、_____、_____。

4. 扬州炒饭实训准备

（1）实训工具：_____。

（2）实训材料：

原料：_____。

调料：_____。

料头：_____。

五、学习过程

（1）根据教师示范讲解，并开展广州炒饭的制作实训，将工艺流程及操作过程填入表11-2-1。

表 11-2-1　广州炒饭的工艺流程及操作过程

实训品种	广州炒饭
工艺流程	
操作过程	
操作要领	

（2）根据教师示范讲解，并开展扬州炒饭的制作实训，将工艺流程及操作过程填入表11-2-2。

表 11-2-2　扬州炒饭的工艺流程及操作过程

实训品种	扬州炒饭
工艺流程	

续表

实训品种	扬州炒饭
操作过程	
操作要领	

六、评价反馈

（1）针对学生广州炒饭制作的实训情况，填写评价表11-2-3。

表11-2-3 广州炒饭制作实训情况评价表

评价内容	色泽搭配	菜肴香气	菜肴口味	形状外观	卫生状况	合计
配分	20	20	20	30	10	100
得分						

（2）针对学生扬州炒饭制作的实训情况，填写评价表11-2-4。

表11-2-4 扬州炒饭制作实训情况评价表

评价内容	色泽搭配	菜肴香气	菜肴口味	形状外观	卫生状况	合计
配分	20	20	20	30	10	100
得分						

（3）针对学生本次学习活动的综合表现，填写学习活动评价表11-2-5。

表11-2-5 学习活动评价表

考核项目	考核要求	分值	个人评价	组内评价	教师评价
职业素养（30分）	（1）遵守实训室安全规定	3			
	（2）着装符合规范	3			
	（3）遵守考勤纪律	3			
	（4）保持学习环境干净整洁	3			
	（5）合理规范地使用工具和设备	3			
	（6）具有工作岗位的责任心	3			
	（7）有团队协作能力，主动参与小组讨论	3			
	（8）学习积极主动	3			
	（9）尊敬老师和同学，虚心听取意见	3			
	（10）工作完成后认真清理现场	3			

续表

考核项目	考核要求	分值	个人评价	组内评价	教师评价
引导问题完成情况（10分）	（1）能正确使用网络、资料等学习资源	5			
	（2）能按要求回答引导问题	5			
任务完成情况（50分）	（1）能正确理解学习任务的要求	5			
	（2）广州炒饭制作实训情况	25			
	（3）扬州炒饭制作实训情况	20			
作业提交（10分）	（1）能按时提交作业	5			
	（2）能按要求提交作业	5			
总分		100			
小组评语及建议	他（她）做到了： 他（她）的不足： 给他（她）的建议：		组长签名： 日期：		
老师评语与建议			评定等级或分数_____ 教师签名： 日期：		

七、学习拓展

（1）查阅资料，简述广州炒饭与扬州炒饭的区别。

（2）为什么选择葱花作料头炒饭？

学习活动三　生炒鸡粒饭、肉丝炒面的制作

一、学习目标

完成本学习任务后，你应当具备如下能力：
（1）熟练掌握生炒鸡粒饭、肉丝炒面的制作方法和程序；
（2）熟练掌握火候的运用；
（3）熟练掌握生炒鸡粒饭、肉丝炒面的调味方法。

二、建议课时

6课时。

三、内容结构（见图11-3-1）

图11-3-1　内容结构

四、引导问题

1. 原料知识

（1）鸡肉_____的含量比例较高，种类多，而且_____，很容易被人体吸收利用，有_____、_____的作用。另外，含有对人体_____有重要作用的_____，是中国人膳食结构中_____和_____的重要来源之一。

（2）炒面颜色_____，_____，_____。面条的主要营养成分有_____、_____、_____等。面条易于_____，有改善_____、增强免疫力等功效。

（3）瘦猪肉含_____较高，含有丰富的_____，还能提供人体_____。

2. 生炒鸡粒饭实训准备

（1）实训工具：_____。
（2）实训材料：
原料：_____。
调料：_____。

料头：_____。

3. 肉丝炒面实训准备

（1）实训工具：_____。

（2）实训材料：

原料：_____。

调料：_____。

料头：_____。

五、学习过程

（1）根据教师示范讲解，并开展生炒鸡粒饭的制作实训，将工艺流程及操作过程填入表 11-3-1。

表 11-3-1　生炒鸡粒饭的工艺流程及操作过程

实训品种	生炒鸡粒饭
工艺流程	
操作过程	
操作要领	

（2）根据教师示范讲解，并开展肉丝炒面的制作实训，将工艺流程及操作过程填入表 11-3-2。

表 11-3-2　肉丝炒面的工艺流程及操作过程

实训品种	肉丝炒面
工艺流程	
操作过程	
操作要领	

六、评价反馈

（1）针对学生生炒鸡粒饭制作的实训情况，填写评价表 11-3-3。

表 11-3-3　生炒鸡粒饭制作实训情况评价表

评价内容	色泽搭配	菜肴香气	菜肴口味	形状外观	卫生状况	合计
配分	20	20	20	30	10	100
得分						

（2）针对学生肉丝炒面制作的实训情况，填写评价表 11-3-4。

表 11-3-4　肉丝炒面制作实训情况评价表

评价内容	色泽搭配	菜肴香气	菜肴口味	形状外观	卫生状况	合计
配分	20	20	20	30	10	100
得分						

（3）针对学生本次学习活动的综合表现，填写学习活动评价表 11-3-5。

表 11-3-5　学习活动评价表

考核项目	考核要求	分值	个人评价	组内评价	教师评价
职业素养（30分）	（1）遵守实训室安全规定	3			
	（2）着装符合规范	3			
	（3）遵守考勤纪律	3			
	（4）保持学习环境干净整洁	3			
	（5）合理规范地使用工具和设备	3			
	（6）具有工作岗位的责任心	3			
	（7）有团队协作能力，主动参与小组讨论	3			
	（8）学习积极主动	3			
	（9）尊敬老师和同学，虚心听取意见	3			
	（10）工作完成后认真清理现场	3			
引导问题完成情况（10分）	（1）能正确使用网络、资料等学习资源	5			
	（2）能按要求回答引导问题	5			
任务完成情况（50分）	（1）能正确理解学习任务的要求	5			
	（2）生炒鸡粒饭制作实训情况	25			
	（3）肉丝炒面制作实训情况	20			
作业提交（10分）	（1）能按时提交作业	5			
	（2）能按要求提交作业	5			
总分		100			
小组评语及建议	他（她）做到了： 他（她）的不足： 给他（她）的建议：		组长签名： 日期：		
老师评语与建议			评定等级或分数_____ 教师签名： 日期：		

七、学习拓展

（1）结合肉丝炒面，分析其与三丝炒面的区别。

（2）为什么要煎面饼？

学习活动四　韭黄炒米粉、肉片汤米粉的制作

 一、学习目标

完成本学习任务后，你应当具备如下能力：
（1）熟练掌握韭黄炒米粉、肉片汤米粉的制作方法和程序；
（2）熟练掌握火候的运用；
（3）熟练掌握韭黄炒米粉、肉片汤米粉的调味方法。

 二、建议课时

6课时。

三、内容结构（见图11-4-1）

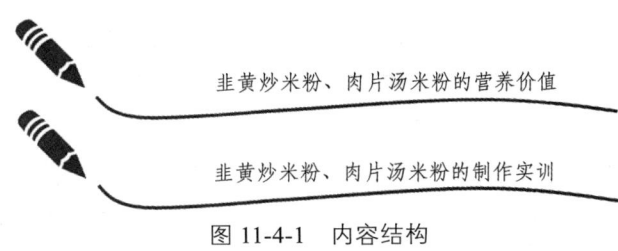

图11-4-1　内容结构

四、引导问题

1. 原料知识

（1）韭黄是韭菜＿＿＿＿＿＿＿，完全在＿＿＿＿＿＿＿中生长，因无阳光供给，不能产生光合作用，合成＿＿＿＿＿＿＿，长成的韭菜，就会变成黄色，称之为"韭黄"。其具有＿＿＿＿＿＿、＿＿＿＿＿＿、＿＿＿＿＿＿、＿＿＿＿＿＿、＿＿＿＿＿＿＿等功效。

（2）米粉，是指以＿＿＿＿＿＿为原料，经＿＿＿＿＿＿、＿＿＿＿＿＿、＿＿＿＿＿＿等工序制成的条状、丝状米制品，而不是词义上理解的以大米为原料以研磨制成的粉状物料。米粉＿＿＿＿＿＿＿，＿＿＿＿＿＿＿，水煮＿＿＿＿＿，干炒＿＿＿＿＿。米粉含有较高的＿＿＿＿＿＿，能够提供和储存＿＿＿＿＿，富含＿＿＿＿＿元素。

（3）猪瘦肉肉质＿＿＿＿＿＿＿，故在加工时无须考虑＿＿＿＿＿＿＿，又因瘦肉肉质＿＿＿＿＿＿＿，因此较多运用＿＿＿＿＿＿片成肉片。猪肉为人类提供＿＿＿＿＿＿＿和必需的＿＿＿＿＿＿＿。猪肉可提供＿＿＿＿＿＿（有机铁）和促进铁吸收的＿＿＿＿＿＿＿，能改善＿＿＿＿＿＿＿。

2. 韭黄炒米粉实训准备

（1）实训工具：＿＿＿＿＿＿＿＿＿＿＿＿＿＿＿＿＿＿＿＿＿＿＿＿＿＿＿＿＿＿＿＿。

（2）实训材料：

原料：＿＿＿＿＿＿＿＿＿＿＿＿＿＿＿＿。

调料：＿＿＿＿＿＿＿＿＿＿＿＿＿＿＿＿＿＿＿＿＿＿＿＿＿＿＿＿。

料头：＿＿＿＿＿＿＿＿＿＿＿＿＿＿＿＿＿＿＿＿＿＿＿＿＿＿＿＿。

3. 肉片汤米粉实训准备

（1）实训工具：＿＿＿＿＿＿＿＿＿＿＿＿＿＿＿＿＿＿＿＿＿＿＿＿＿＿＿＿＿＿＿＿。

（2）实训材料：

原料：＿＿＿＿＿＿＿＿＿＿＿＿＿＿＿＿。

调料：＿＿＿＿＿＿＿＿＿＿＿＿＿＿＿＿＿＿＿＿＿＿＿＿＿＿＿＿。

料头：＿＿＿＿＿＿＿＿＿＿＿＿＿＿＿＿＿＿＿＿＿＿＿＿＿＿＿＿。

五、学习过程

（1）根据教师示范讲解，并开展韭黄炒米粉实训，将工艺流程及操作过程填入表 11-4-1。

表 11-4-1 韭黄炒米粉的工艺流程及操作过程

实训品种	韭黄炒米粉
工艺流程	
操作过程	

（2）根据教师示范讲解，并开展肉片汤米粉实训，将工艺流程及操作过程填入表11-4-2。

表11-4-2　肉片汤米粉的工艺流程及操作过程

实训品种	肉片汤米粉
工艺流程	
操作过程	

六、评价反馈

（1）针对学生韭黄炒米粉制作的实训情况，填写评价表11-4-3。

表11-4-3　韭黄炒米粉制作实训情况评价表

评价内容	色泽搭配	菜肴香气	菜肴口味	形状外观	卫生状况	合计
配分	20	20	20	30	10	100
得分						

（2）针对学生肉片汤米粉制作的实训情况，填写评价表11-4-4。

表11-4-4　肉片汤米粉制作实训情况评价表

评价内容	色泽搭配	菜肴香气	菜肴口味	形状外观	卫生状况	合计
配分	20	20	20	30	10	100
得分						

（3）针对学生本次学习活动的综合表现，填写学习活动评价表11-4-5。

表11-4-5　学习活动评价表

考核项目	考核要求	分值	个人评价	组内评价	教师评价
职业素养（30分）	（1）遵守实训室安全规定	3			
	（2）着装符合规范	3			
	（3）遵守考勤纪律	3			
	（4）保持学习环境干净整洁	3			
	（5）合理规范地使用工具和设备	3			
	（6）具有工作岗位的责任心	3			
	（7）有团队协作能力，主动参与小组讨论	3			
	（8）学习积极主动	3			
	（9）尊敬老师和同学，虚心听取意见	3			
	（10）工作完成后认真清理现场	3			

续表

考核项目	考核要求	分值	个人评价	组内评价	教师评价
引导问题完成情况（10分）	（1）能正确使用网络、资料等学习资源	5			
	（2）能按要求回答引导问题	5			
任务完成情况（50分）	（1）能正确理解学习任务的要求	5			
	（2）韭黄炒米粉制作实训情况	25			
	（3）肉片汤米粉制作实训情况	20			
作业提交（10分）	（1）能按时提交作业	5			
	（2）能按要求提交作业	5			
总分		100			
小组评语及建议	他（她）做到了： 他（她）的不足： 给他（她）的建议：		组长签名： 日期：		
老师评语与建议			评定等级或分数_____ 教师签名： 日期：		

七、学习拓展

（1）查阅资料，写出米粉的生产工艺。

（2）为什么韭黄要最后才加入烹炒？

学习活动五　蒜蓉炒菜心、菜软炒生鱼片的制作

一、学习目标

完成本学习任务后，你应当具备如下能力：
（1）熟练掌握蒜蓉炒菜心、菜软炒生鱼片的制作方法和程序；
（2）熟练掌握火候的运用；
（3）熟练掌握蒜蓉炒菜心、菜软炒生鱼片的调味方法。

二、建议课时

6课时。

三、内容结构（见图11-5-1）

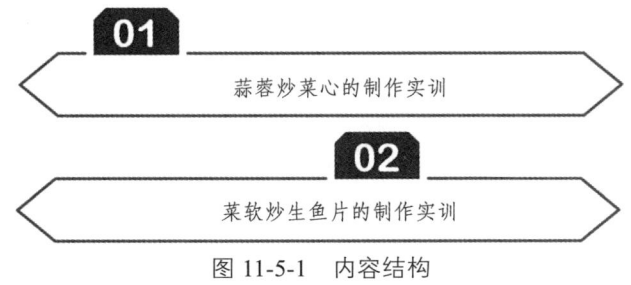

图11-5-1　内容结构

四、引导问题

1. 原料知识

（1）菜心品质_____，风味可口，营养丰富，富含_____、_____、_____、_____等，对人体有着极好的保健作用。

（2）生鱼又称_____，也称_____。其肉质细嫩，口味_____，且营养价值颇高。其具有_____、_____、_____的医疗功效，病后、产后以及手术后食用，有_____、_____的作用，也可治疗_____。

2. 质量要求

（1）蒜蓉炒菜心的质量要求：菜心_____，锅气足，味道_____，芡汁_____，不出水，_____，青绿_____。

（2）菜软炒生鱼片的质量要求：鱼片_____，质感_____，_____，菜心_____，芡汁_____。菜软的加工要求：_____。

3. 蒜蓉炒菜心实训准备

（1）实训工具：_____。

（2）实训材料：

原料：_____。

调料：_____。

料头：_____。

4. 菜软炒生鱼片实训准备

（1）实训工具：_____。

（2）实训材料：

原料：_____。

调料：_____。

料头：_____。

五、学习过程

（1）根据教师示范讲解，并开展蒜蓉炒菜心实训，将工艺流程及操作过程填入表 11-5-1。

表 11-5-1　蒜蓉炒菜心的工艺流程及操作过程

实训品种	蒜蓉炒菜心
工艺流程	
操作过程	

（2）根据教师示范讲解，并开展菜软炒生鱼片实训，将工艺流程及操作过程填入表 11-5-2。

表 11-5-2　菜软炒生鱼片的工艺流程及操作过程

实训品种	菜软炒生鱼片
工艺流程	
操作过程	

六、评价反馈

（1）针对学生蒜蓉炒菜心制作的实训情况，填写评价表 11-5-3。

表 11-5-3　蒜蓉炒菜心制作实训情况评价表

评价内容	色泽搭配	菜肴香气	菜肴口味	形状外观	卫生状况	合计
配分	20	20	20	30	10	100
得分						

（2）针对学生菜软炒生鱼片制作的实训情况，填写评价表 11-5-4。

表 11-5-4　菜软炒生鱼片制作实训情况评价表

评价内容	色泽搭配	菜肴香气	菜肴口味	形状外观	卫生状况	合计
配分	20	20	20	30	10	100
得分						

（3）针对学生本次学习活动的综合表现，填写学习活动评价表 11-5-5。

表 11-5-5　学习活动评价表

考核项目	考核要求	分值	个人评价	组内评价	教师评价
职业素养（30分）	（1）遵守实训室安全规定	3			
	（2）着装符合规范	3			
	（3）遵守考勤纪律	3			
	（4）保持学习环境干净整洁	3			
	（5）合理规范地使用工具和设备	3			
	（6）具有工作岗位的责任心	3			
	（7）有团队协作能力，主动参与小组讨论	3			
	（8）学习积极主动	3			
	（9）尊敬老师和同学，虚心听取意见	3			
	（10）工作完成后认真清理现场	3			
引导问题完成情况（10分）	（1）能正确使用网络、资料等学习资源	5			
	（2）能按要求回答引导问题	5			
任务完成情况（50分）	（1）能正确理解学习任务的要求	5			
	（2）蒜蓉炒菜心制作实训情况	25			
	（3）菜软炒生鱼片制作实训情况	20			
作业提交（10分）	（1）能按时提交作业	5			
	（2）能按要求提交作业	5			
总分		100			
小组评语及建议	他（她）做到了： 他（她）的不足： 给他（她）的建议：			组长签名： 日期：	
老师评语与建议				评定等级或分数＿＿＿＿ 教师签名： 日期：	

七、学习拓展

（1）查阅资料，分析蒜蓉炒菜心和白灼菜心成菜的区别。

（2）如何保持鱼片质感嫩滑？

学习活动六　干炒牛河、煎酿豆腐的制作

一、学习目标

完成本学习任务后，你应当具备如下能力：
（1）熟练掌握干炒牛河、煎酿豆腐的制作方法和程序；
（2）熟练掌握火候的运用；
（3）熟练掌握干炒牛河、煎酿豆腐的调味方法。

二、建议课时

6课时。

三、内容结构（见图 11-6-1）

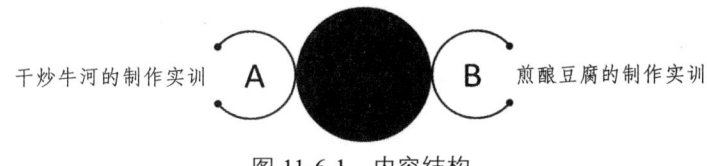

图 11-6-1　内容结构

四、引导问题

1. 原料知识

（1）河粉又称_____，源自_____。河粉含有_____、_____、维生素 B1、_____、_____、_____等营养元素，易于_____，具有补中益气、健脾养胃的功效。

（2）牛肉含有丰富的_____，_____组成比_____更接近人体需要，能提高机体抗病能力，对_____及手术后、病后调养的人在补充失血、修复组织等方面特别适宜。_____食牛肉，有_____作用，为寒冬补益佳品。

（3）豆腐是中国的_____，味美而养生。豆腐营养极高，豆腐里的高_____和蛋白质含量使之成为_____很好的补充食品，同时含有_____等多种矿物质元素及维生素。豆腐脂肪的 78% 是_____并且不含有_____，素有_____之美称。豆腐的消化吸收率达_____以上。两小块豆腐，即可满足一个人一天_____的需要量。

2. 质量要求

（1）干炒牛河的质量要求：色泽_____，牛肉_____，河粉_____，盘中_____，入口_____，配料_____。干炒牛河必须_____，既要炒匀，又不能炒得_____，不然粉会碎掉。油的分量必须_____，不然太腻不好吃。因此干炒牛河被认为是考验_____厨师炒菜技术的试金石，如同蛋炒饭，可以测试厨师的基本功。

（2）煎酿豆腐的质量要求：外形_____、_____，味道_____，香气_____，肉感_____，芡色_____。煎酿豆腐是_____省传统的汉族名菜，属于_____。逢年过节，煎酿豆腐是_____少不了的一道菜。

3. 干炒牛河实训准备

（1）实训工具：_____。

（2）实训材料：

原料：_____。

调料：_____。

料头：_____。

4. 煎酿豆腐实训准备

（1）实训工具：_____。

（2）实训材料：

原料：_____。

调料：_____。

料头：_____。

五、学习过程

（1）根据教师示范讲解，并开展干炒牛河的制作实训，将工艺流程及操作过程填入表 11-6-1。

表 11-6-1　干炒牛河的工艺流程及操作过程

实训品种	干炒牛河
工艺流程	
操作过程	
操作要领	

（2）根据教师示范讲解，并开展煎酿豆腐的制作实训，将工艺流程及操作过程填入表 11-6-2。

表 11-6-2　煎酿豆腐的工艺流程及操作过程

实训品种	煎酿豆腐
工艺流程	
操作过程	
操作要领	

六、评价反馈

（1）针对学生干炒牛河制作的实训情况，填写评价表 11-6-3。

表 11-6-3　干炒牛河制作实训情况评价表

评价内容	色泽搭配	菜肴香气	菜肴口味	形状外观	卫生状况	合计
配分	20	20	20	30	10	100
得分						

（2）针对学生煎酿豆腐制作的实训情况，填写评价表 11-6-4。

表 11-6-4　煎酿豆腐制作实训情况评价表

评价内容	色泽搭配	菜肴香气	菜肴口味	形状外观	卫生状况	合计
配分	20	20	20	30	10	100
得分						

（3）针对学生本次学习活动的综合表现，填写学习活动评价表 11-6-5。

表 11-6-5　学习活动评价表

考核项目	考核要求	分值	个人评价	组内评价	教师评价
职业素养（30分）	（1）遵守实训室安全规定	3			
	（2）着装符合规范	3			
	（3）遵守考勤纪律	3			
	（4）保持学习环境干净整洁	3			
	（5）合理规范地使用工具和设备	3			
	（6）具有工作岗位的责任心	3			
	（7）有团队协作能力，主动参与小组讨论	3			
	（8）学习积极主动	3			
	（9）尊敬老师和同学，虚心听取意见	3			
	（10）工作完成后认真清理现场	3			
引导问题完成情况（10分）	（1）能正确使用网络、资料等学习资源	5			
	（2）能按要求回答引导问题	5			
任务完成情况（50分）	（1）能正确理解学习任务的要求	5			
	（2）干炒牛河制作实训情况	25			
	（3）煎酿豆腐制作实训情况	20			
作业提交（10分）	（1）能按时提交作业	5			
	（2）能按要求提交作业	5			
总分		100			
小组评语及建议	他（她）做到了： 他（她）的不足： 给他（她）的建议：		组长签名： 日期：		
老师评语与建议			评定等级或分数_____ 教师签名： 日期：		

七、学习拓展

（1）结合干炒牛河分析，描述其与湿炒牛河的区别。

（2）煎酿豆腐中的肉馅口感为什么不嫩滑？

学习活动七　菜圃煎蛋、煎蛋角煮腐竹的制作

一、学习目标

完成本学习任务后，你应当具备如下能力：
（1）熟练掌握菜圃煎蛋、煎蛋角煮腐竹的制作方法和程序；
（2）熟练掌握火候的运用；
（3）熟练掌握菜圃煎蛋、煎蛋角煮腐竹的调味方法。

二、建议课时

6课时。

三、内容结构（见图11-7-1）

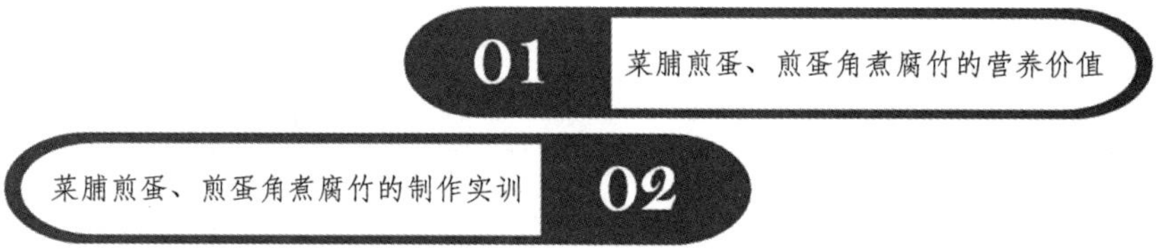

图 11-7-1　内容结构

四、引导问题

1. 原料知识

（1）菜脯即_____，与潮州_____、_____并称"潮汕三宝"。菜脯的特点：_____，_____。萝卜本来就是有益的蔬菜，它所含的_____极为丰富，_____含量很高。所以萝卜干也是最不起眼、最便宜但却是较好的养生食物，它的铁质含量除了_____之外超过一切食物。

（2）客家蛋角号称客家_____，是客家_____的又一重要体现。

（3）腐竹又称_____。腐竹色泽_____，_____，含有丰富的_____及多种营养成分，用清水浸泡（夏凉冬温）_____小时即可发开。具有浓郁的_____，同时还有着其他豆制品所不具备的独特口感。腐竹含丰富的蛋白质而_____少，且含有类似_____的营养成分，如黄豆蛋白中的_____及碳水化合物等。

2. 菜脯煎蛋实训准备

（1）实训工具：_____。

（2）实训材料：

原料：_____。

调料：_____。

料头：_____。

3. 煎蛋角煮腐竹实训准备

（1）实训工具：_____。

（2）实训材料：

原料：_____。

调料：_____。

料头：_____。

五、学习过程

（1）根据教师示范讲解，并开展菜脯煎蛋实训，将工艺流程及操作过程填入表11-7-1。

表 11-7-1　菜脯煎蛋的工艺流程及操作过程

实训品种	菜脯煎蛋
工艺流程	
操作过程	

（2）根据教师示范讲解，并开展煎蛋角煮腐竹实训，将工艺流程及操作过程填入表11-7-2。

表 11-7-2　煎蛋角煮腐竹的工艺流程及操作过程

实训品种	煎蛋角煮腐竹
工艺流程	
操作过程	

六、评价反馈

（1）针对学生菜脯煎蛋制作的实训情况，填写评价表 11-7-3。

表 11-7-3 菜脯煎蛋制作实训情况评价表

评价内容	色泽搭配	菜肴香气	菜肴口味	形状外观	卫生状况	合计
配分	20	20	20	30	10	100
得分						

（2）针对学生煎蛋角煮腐竹制作的实训情况，填写评价表 11-7-4。

表 11-7-4 煎蛋角煮腐竹制作实训情况评价表

评价内容	色泽搭配	菜肴香气	菜肴口味	形状外观	卫生状况	合计
配分	20	20	20	30	10	100
得分						

（3）针对学生本次学习活动的综合表现，填写学习活动评价表 11-7-5。

表 11-7-5 学习活动评价表

考核项目	考核要求	分值	个人评价	组内评价	教师评价
职业素养 （30分）	（1）遵守实训室安全规定	3			
	（2）着装符合规范	3			
	（3）遵守考勤纪律	3			
	（4）保持学习环境干净整洁	3			
	（5）合理规范地使用工具和设备	3			
	（6）具有工作岗位的责任心	3			
	（7）有团队协作能力，主动参与小组讨论	3			
	（8）学习积极主动	3			
	（9）尊敬老师和同学，虚心听取意见	3			
	（10）工作完成后认真清理现场	3			
引导问题 完成情况 （10分）	（1）能正确使用网络、资料等学习资源	5			
	（2）能按要求回答引导问题	5			
任务完成 情况 （50分）	（1）能正确理解学习任务的要求	5			
	（2）菜脯煎蛋制作实训情况	25			
	（3）煎蛋角煮腐竹制作实训情况	20			
作业提交 （10分）	（1）能按时提交作业	5			
	（2）能按要求提交作业	5			
总分		100			
小组评语 及建议	他（她）做到了： 他（她）的不足： 给他（她）的建议：		组长签名： 日期：		
老师评语 与建议			评定等级或分数_____ 教师签名： 日期：		

七、学习拓展

（1）查阅资料，写出腐竹的制作工艺。

（2）为什么煎蛋饼用生熟蛋效果更佳？

学习活动八　大良煎虾饼、煎酿椒子的制作

一、学习目标

完成本学习任务后，你应当具备如下能力：
（1）熟练掌握大良煎虾饼、煎酿椒子的制作方法和程序；
（2）熟练掌握火候的运用；
（3）熟练掌握大良煎虾饼、煎酿椒子的调味方法。

二、建议课时

6课时。

三、内容结构（见图11-8-1）

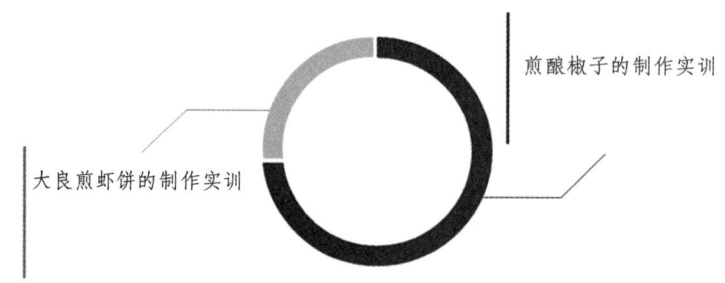

图11-8-1　内容结构

四、引导问题

1. 原料知识

（1）虾仁是_____含量很高的食品之一，是鱼、蛋、奶的几倍甚至十几倍，虾仁和鱼肉相比，所含的人体必需氨基酸_____并不高，但却是营养均衡的蛋白质来源。另外，虾仁含有_____，这种氨基酸的含量越高，虾仁的_____就越高。

虾仁与鱼肉、禽肉相比，_____含量少，并且几乎不含作为能量来源的动物糖质，虾仁中的_____含量较高，同时含有丰富的能降低人体血清胆固醇的_____。虾仁含有丰富的_____等微量元素和_____等成分。

（2）青椒的_____含量丰富，_____含量高。青椒特有的味道和所含的_____有刺激_____分泌的作用，能_____、_____，促进_____，防止_____。

2. 质量要求

（1）大良煎虾饼的质量要求：两面煎至_____，_____，_____，扁平圆形_____，厚薄_____，虾肉_____。

（2）煎酿椒子的质量要求：椒子形状_____，色泽_____，圆椒颜色_____，馅料_____，_____，芡汁_____，芡色_____。

3. 大良煎虾饼实训准备

（1）实训工具：_____。

（2）实训材料：

原料：_____。

调料：_____。

料头：_____。

4. 煎酿椒子实训准备

（1）实训工具：_____。

（2）实训材料：

原料：_____。

调料：_____。

料头：_____。

五、学习过程

(1)根据教师示范讲解,并开展大良煎虾饼的制作实训,将工艺流程及操作过程填入表11-8-1。

表11-8-1 大良煎虾饼的工艺流程及操作过程

实训品种	大良煎虾饼
工艺流程	
操作过程	
操作要领	

(2)根据教师示范讲解,并开展煎酿椒子的制作实训,将工艺流程及操作过程填入表11-8-2。

表11-8-2 煎酿椒子的工艺流程及操作过程

实训品种	煎酿椒子
工艺流程	
操作过程	
操作要领	

六、评价反馈

(1)针对学生大良煎虾饼制作的实训情况,填写评价表11-8-3。

表11-8-3 大良煎虾饼制作实训情况评价表

评价内容	色泽搭配	菜肴香气	菜肴口味	形状外观	卫生状况	合计
配分	20	20	20	30	10	100
得分						

（2）针对学生煎酿椒子制作的实训情况，填写评价表 11-8-4。

表 11-8-4 煎酿椒子制作实训情况评价表

评价内容	色泽搭配	菜肴香气	菜肴口味	形状外观	卫生状况	合计
配分	20	20	20	30	10	100
得分						

（3）针对学生本次学习活动的综合表现，填写学习活动评价表 11-8-5。

表 11-8-5 学习活动评价表

考核项目	考核要求	分值	个人评价	组内评价	教师评价
职业素养（30分）	（1）遵守实训室安全规定	3			
	（2）着装符合规范	3			
	（3）遵守考勤纪律	3			
	（4）保持学习环境干净整洁	3			
	（5）合理规范地使用工具和设备	3			
	（6）具有工作岗位的责任心	3			
	（7）有团队协作能力，主动参与小组讨论	3			
	（8）学习积极主动	3			
	（9）尊敬老师和同学，虚心听取意见	3			
	（10）工作完成后认真清理现场	3			
引导问题完成情况（10分）	（1）能正确使用网络、资料等学习资源	5			
	（2）能按要求回答引导问题	5			
任务完成情况（50分）	（1）能正确理解学习任务的要求	5			
	（2）大良煎虾饼制作实训情况	25			
	（3）煎酿椒子制作实训情况	20			
作业提交（10分）	（1）能按时提交作业	5			
	（2）能按要求提交作业	5			
总分		100			
小组评语及建议	他（她）做到了： 他（她）的不足： 给他（她）的建议：		组长签名： 日期：		
老师评语与建议			评定等级或分数_____ 教师签名： 日期：		

七、学习拓展

（1）为什么虾仁泡油之后要沥干多余的油？

（2）为什么圆椒酿肉馅要事先撒上一层薄生粉？

学习任务十二　基本干货涨发

一、学习目标

完成本学习任务后，你应当具备如下能力：
（1）准确查找干货涨发的目的与基本要求；
（2）准确查找干货涨发的基本要领；
（3）准确认知干货涨发的基本方法；
（4）熟练掌握冬菇、雪耳等植物性干货原料的涨发方法；
（5）熟练掌握鱿鱼、蹄筋等动物性干货原料的涨发方法。

二、建议课时

6课时。

三、内容结构（见图12-0-1）

1　干货涨发的目的与基本要求

2　干货涨发的基本要领

3　干货涨发的基本方法

4　冬菇、雪耳等植物性干货原料的涨发实训

5　鱿鱼、蹄筋等动物性干货原料的涨发实训

图 12-0-1　内容结构

四、引导问题

1. 干货原料的概念

干货原料由_____脱水干制而成，有_____、_____、_____、_____等特性，个别还有_____、_____、_____、_____、_____等异味，不可直接烹调与食用。

2. 干货涨发的目的与基本要求

（1）_____；
（2）_____；
（3）_____；

（4）_____；
（5）_____。

3. 干货涨发的基本要领

由于干货原料的种类繁多，产地不一，品质复杂，加上干制方法多种多样，性能也就各不相同，因此涨发加工方法也必须因品种性能而异。

一般来说，干货涨发必须先注意掌握以下基本要领：

（1）_____；
（2）_____；
（3）_____；
（4）_____；
（5）_____；
（6）_____；
（7）_____。

五、学习过程

（1）查阅资料，并根据教师讲解、小组讨论，完成干货涨发方法体系表 12-0-1。

表 12-0-1 干货涨发方法体系表

涨发方法	涨发方法分类	干货涨发方法的基本原理	适用范围
水发			
油发			
沙发			
其他			

小词典

水发：把干货原料放到水中进行涨发。水可以通过渗透和扩散的方式被干货原料吸收，使干货原料膨润涨发。

油发：又称为炸发，就是用油将干料炸透，使其膨胀、松泡、定形的方法。油发基本都需要配合水发为后续加工，使干料涨发回软。

沙发：用热砂砾的温度促使干料内部水分气化膨胀，形成松泡状态，再用水浸发清洗，使干料涨发回软。

（2）根据教师示范讲解，并开展冬菇、雪耳等植物性干货原料涨发实训，将冬菇、雪耳涨发的操作过程及质量要求填入表12-0-2。

表12-0-2　冬菇、雪耳涨发的操作过程及质量要求

原料名称	涨发方法	操作过程	质量要求
冬菇			
雪耳			

（3）根据教师示范讲解，并开展鱿鱼、蹄筋等动物性干货原料涨发实训，将鱿鱼、蹄筋涨发的操作过程及质量要求填入表12-0-3。

表12-0-3　鱿鱼、蹄筋涨发的操作过程及质量要求

原料名称	涨发方法	操作过程	质量要求
鱿鱼			
蹄筋			

 ## 六、评价反馈

（1）针对学生冬菇、雪耳等植物性干货原料涨发实训情况，填写评价表12-0-4。

表12-0-4　冬菇、雪耳等植物性干货原料涨发实训情况评价表

评价内容	透心程度	质量要求	卫生状况	合计
配分	60	20	20	100
得分				

（2）针对学生鱿鱼、蹄筋等动物性干货原料涨发实训情况，填写评价表12-0-5。

表12-0-5 鱿鱼、蹄筋等动物性干货原料涨发实训情况评价表

评价内容	透心程度	气味纯正	卫生状况	合计
配分	60	20	20	100
得分				

（3）针对学生本次学习活动的综合表现，填写学习活动评价表12-0-6。

表12-0-6 学习活动评价表

考核项目	考核要求	分值	个人评价	组内评价	教师评价
职业素养（30分）	（1）遵守实训室安全规定	3			
	（2）着装符合规范	3			
	（3）遵守考勤纪律	3			
	（4）保持学习环境干净整洁	3			
	（5）合理规范地使用工具和设备	3			
	（6）具有工作岗位的责任心	3			
	（7）有团队协作能力，主动参与小组讨论	3			
	（8）学习积极主动	3			
	（9）尊敬老师和同学，虚心听取意见	3			
	（10）工作完成后认真清理现场	3			
引导问题完成情况（10分）	（1）能正确使用网络、资料等学习资源	5			
	（2）能按要求回答引导问题	5			
任务完成情况（50分）	（1）能正确理解学习任务的要求	5			
	（2）能正确填写干货涨发方法体系表	10			
	（3）冬菇、雪耳等植物性干货原料涨发实训情况	15			
	（4）鱿鱼、蹄筋等动物性干货原料涨发实训情况	15			
	（5）能准确完成学习拓展	5			
作业提交（10分）	（1）能按时提交作业	5			
	（2）能按要求提交作业	5			
总分		100			
小组评语及建议	他（她）做到了： 他（她）的不足： 给他（她）的建议：			组长签名： 日期：	
老师评语与建议				评定等级或分数_____ 教师签名： 日期：	

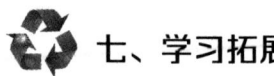 **七、学习拓展**

（1）涨发雪耳为什么要用白醋浸洗？

（2）请查阅资料，简述鱿鱼干和鲜鱿鱼的质感有何不同？

学习任务十三　上什

 一、学习目标

完成本学习任务后，你应当具备如下能力：
（1）准确认知蒸、炖、煲等烹调法的概念及质量要求；
（2）准确认知蒸、炖、煲等烹调法的制作方法或工艺程序；
（3）准确查找蒸、炖、煲等烹调法代表菜式原料的营养价值；
（4）熟练掌握蒸、炖、煲等烹调法代表菜式的制作。

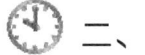 **二、建议课时**

48 课时。

 三、学习流程与活动

（1）学习活动一　蒸饭、鸡蛋菜心粒炒饭的制作
（2）学习活动二　咸蛋蒸肉饼的制作
（3）学习活动三　豉油王蒸生鱼的制作
（4）学习活动四　鱼片蒸鸡蛋的制作
（5）学习活动五　豉汁蒸排骨的制作
（6）学习活动六　花旗参炖乌鸡、杏元凤爪炖水鱼的制作
（7）学习活动七　淮杞炖乳鸽、瑶柱田鸡炖节瓜盅的制作
（8）学习活动八　西洋菜煲生鱼汤、节瓜章鱼煲猪蹄汤的制作

学习活动一　蒸饭、鸡蛋菜心粒炒饭的制作

 一、学习目标

完成本学习任务后，你应当具备如下能力：
（1）准确查找蒸饭及鸡蛋菜心粒炒饭的技术要点；
（2）熟练掌握蒸饭的制作方法；
（3）熟练掌握鸡蛋菜心粒炒饭的制作方法和程序。

 二、建议课时

6 课时。

三、内容结构（见图 13-1-1）

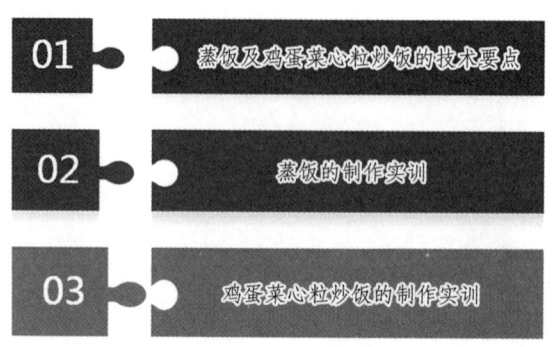

图 13-1-1　内容结构

四、引导问题

1. 蒸饭及鸡蛋菜心粒炒饭的技术要点

中华饮食文化源远流长，烹饪方法有＿＿＿＿＿＿＿＿＿＿＿＿＿＿等。其中"蒸"这一烹饪形式最受推崇。蒸是最能坚持食物＿＿＿＿＿＿、＿＿＿＿＿＿的烹饪方法。

洗米一定不要超过＿＿＿＿＿＿，如果超过＿＿＿＿＿＿后，米里的营养就会大量流失，这样蒸出来的米饭香味也会减少。蒸饭时大米与清水的配比大致为＿＿＿＿＿＿，大火蒸＿＿＿＿＿＿。家常制作可使用＿＿＿＿＿＿，粤菜常用的做法称为＿＿＿＿＿＿。

2. 鸡蛋菜心粒炒饭的质量要求

鸡蛋菜心粒炒饭是＿＿＿＿＿＿里经常能点到的一款主食。用鸡蛋和菜心做主料，炒出来的饭＿＿＿＿＿＿，＿＿＿＿＿＿。

3. 营养价值

（1）米饭的主要成分是＿＿＿＿＿＿，米饭中的蛋白质主要是＿＿＿＿＿＿，其氨基酸组成比较完全，容易被人体＿＿＿＿＿＿。

（2）菜心属于＿＿＿＿＿＿类蔬菜，适宜与＿＿＿＿＿＿一起食用。

4. 实训准备

（1）实训工具：＿＿＿＿＿＿＿＿＿＿＿＿＿＿＿＿＿＿＿＿＿＿＿＿＿＿＿＿＿＿＿。

（2）实训材料：

原料：＿＿＿＿＿＿＿＿＿＿＿＿＿＿。

调料：＿＿＿＿＿＿＿＿＿＿＿＿＿＿＿＿＿＿＿＿＿＿。

料头：＿＿＿＿＿＿＿＿＿＿＿＿＿＿＿＿＿＿＿＿＿＿。

五、学习过程

（1）根据教师示范讲解，并开展蒸饭的制作实训，将工艺流程及操作过程填入表 13-1-1。

表 13-1-1　蒸饭的工艺流程及操作过程

实训品种	蒸饭
工艺流程	
操作过程	
操作要领	

（2）根据教师示范讲解，并开展鸡蛋菜心粒炒饭的制作实训，将工艺流程及操作过程填入表 13-1-2。

表 13-1-2　鸡蛋菜心粒炒饭的工艺流程及操作过程

实训品种	鸡蛋菜心粒炒饭
工艺流程	
操作过程	
操作要领	

六、评价反馈

（1）针对学生蒸饭及鸡蛋菜心粒炒饭制作的实训情况，填写评价表 13-1-3。

表 13-1-3　蒸饭及鸡蛋菜心粒炒饭制作实训情况评价表

评价内容	蒸饭品质	形状外观	菜肴口味	卫生状况	合计
配分	30	30	30	10	100
得分					

（2）针对学生本次学习活动的综合表现，填写学习活动评价表 13-1-4。

表 13-1-4　学习活动评价表

考核项目	考核要求	分值	个人评价	组内评价	教师评价
职业素养（30分）	（1）遵守实训室安全规定	3			
	（2）着装符合规范	3			
	（3）遵守考勤纪律	3			
	（4）保持学习环境干净整洁	3			
	（5）合理规范地使用工具和设备	3			
	（6）具有工作岗位的责任心	3			
	（7）有团队协作能力，主动参与小组讨论	3			
	（8）学习积极主动	3			
	（9）尊敬老师和同学，虚心听取意见	3			
	（10）工作完成后认真清理现场	3			
引导问题完成情况（10分）	（1）能正确使用网络、资料等学习资源	5			
	（2）能按要求回答引导问题	5			
任务完成情况（50分）	（1）能正确理解学习任务的要求	5			
	（2）蒸饭及鸡蛋菜心粒炒饭实训情况	40			
	（3）能准确完成学习拓展	5			
作业提交（10分）	（1）能按时提交作业	5			
	（2）能按要求提交作业	5			
总分		100			
小组评语及建议	他（她）做到了： 他（她）的不足： 给他（她）的建议：		组长签名： 日期：		
老师评语与建议			评定等级或分数＿＿＿＿＿＿＿ 教师签名： 日期：		

 七、学习拓展

（1）查阅资料，分析如果使用"陈米"蒸饭时如何增香。

（2）查阅资料，分析加醋蒸饭的优点。

学习活动二 咸蛋蒸肉饼的制作

一、学习目标

完成本学习任务后，你应当具备如下能力：
（1）准确查找蒸肉类菜式的特点及质量要求；
（2）熟练掌握肉泥的调制；
（3）熟练掌握平蒸方法的运用和蒸制禽畜肉类火候的使用。

二、建议课时

6课时。

三、内容结构（见图13-2-1）

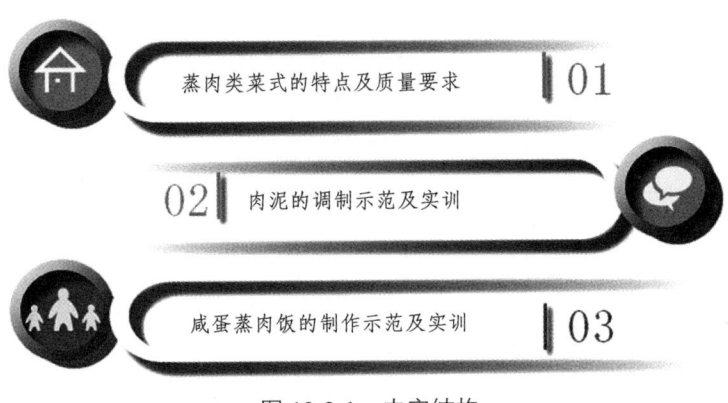

图13-2-1 内容结构

四、引导问题

1. 蒸肉类菜式的特点

凡是蒸禽畜肉类和田鸡应用_____来蒸制，同时都要用_____拌均匀，原因是所蒸的肉类含有_____，用干生粉拌匀可_____，使蒸熟后的肉色_____。中火蒸制肉质才_____，否则猛火蒸_____，慢火蒸时间长_____。

2. 蒸肉类菜式的质量要求

（1）_____；
（2）_____；
（3）_____。

3. 原料选择

（1）蒸肉饼选用猪肉的特点是_____。
（2）猪肉质量等级的鉴定：_____。

4. 实训准备

（1）实训工具：_____。
（2）实训材料：
原料：_____。
调料：_____。
料头：_____。

五、学习过程

根据教师示范讲解，并开展肉泥的调制及肉饼蒸制实训，将咸蛋蒸肉饼的工艺流程及操作过程填入表13-2-1。

表13-2-1　咸蛋蒸肉饼的工艺流程及操作过程

实训品种	咸蛋蒸肉饼
工艺流程	
操作过程	
操作要领	

六、评价反馈

（1）针对学生咸蛋蒸肉饼制作的实训情况，填写评价表13-2-2。

表13-2-2　咸蛋蒸肉饼制作实训情况评价表

评价内容	形状外观	肉质状况	菜肴口味	卫生状况	合计
配分	30	30	30	10	100
得分					

（2）针对学生本次学习活动的综合表现，填写学习活动评价表13-2-3。

表13-2-3　学习活动评价表

考核项目	考核要求	分值	个人评价	组内评价	教师评价
职业素养（30分）	（1）遵守实训室安全规定	3			
	（2）着装符合规范	3			
	（3）遵守考勤纪律	3			
	（4）保持学习环境干净整洁	3			
	（5）合理规范地使用工具和设备	3			
	（6）具有工作岗位的责任心	3			
	（7）有团队协作能力，主动参与小组讨论	3			
	（8）学习积极主动	3			
	（9）尊敬老师和同学，虚心听取意见	3			
	（10）工作完成后认真清理现场	3			
引导问题完成情况（10分）	（1）能正确使用网络、资料等学习资源	5			
	（2）能按要求回答引导问题	5			
任务完成情况（50分）	（1）能正确理解学习任务的要求	5			
	（2）咸蛋蒸肉饼制作实训情况	40			
	（3）能准确完成学习拓展	5			
作业提交（10分）	（1）能按时提交作业	5			
	（2）能按要求提交作业	5			
总分		100			
小组评语及建议	他（她）做到了： 他（她）的不足： 给他（她）的建议：		组长签名： 日期：		
老师评语与建议			评定等级或分数＿＿＿＿＿ 教师签名： 日期：		

七、学习拓展

请简述蒸熟肉饼肉色无光泽、肉香味不浓的原因。

学习活动三　豉油王蒸生鱼的制作

一、学习目标

完成本学习任务后，你应当具备如下能力：
（1）准确查找海鲜鱼类蒸制菜式的特点及质量要求；
（2）熟练掌握豉油王的调制及使用；
（3）熟练掌握海鲜鱼类的蒸制方法和程序。

二、建议课时

6课时。

三、内容结构（见图13-3-1）

图13-3-1　内容结构

四、引导问题

1. 海鲜鱼类蒸制的特点

凡是海河江鲜鱼水产类菜式应用＿＿＿＿＿＿来蒸制。蒸熟后食品＿＿＿＿＿＿，＿＿＿＿＿＿，＿＿＿＿＿＿。否则中或慢火蒸制＿＿＿＿＿＿。

2. 海鲜鱼类蒸制菜式的质量要求

（1）＿＿＿＿＿＿＿＿＿＿＿＿＿＿；
（2）＿＿＿＿＿＿＿＿＿＿＿＿＿＿；
（3）＿＿＿＿＿＿＿＿＿＿＿＿＿＿。

3. 原料选择

（1）生鱼的品质以＿＿＿＿＿＿＿＿＿＿＿＿＿＿为佳。
（2）生鱼的肉质特点是＿＿＿＿＿＿＿＿＿＿＿＿＿＿。

4. 实训准备

（1）实训工具：_____。

（2）实训材料：

原料：_____。

调料：_____。

料头：_____。

5. 豉油王调制方法

_____。
_____。

五、学习过程

根据教师示范讲解，并开展豉油王的调制及生鱼蒸制实训，将豉油王蒸生鱼的工艺流程及操作过程填入表 13-3-1。

表 13-3-1　豉油王蒸生鱼的工艺流程及操作过程

实训品种	豉油王蒸生鱼
工艺流程	
操作过程	
操作要领	

六、评价反馈（见表 2-2-2）

（1）针对学生豉油王蒸生鱼制作的实训情况，填写评价表 13-3-2。

表 13-3-2　豉油王蒸生鱼制作实训情况评价表

评价内容	形状外观	肉质状况	菜肴口味	卫生状况	合计
配分	30	30	30	10	100
得分					

（2）针对学生本次学习活动的综合表现，填写学习活动评价表 13-3-3。

表 13-3-3　学习活动评价表

考核项目	考核要求	分值	个人评价	组内评价	教师评价
职业素养（30分）	（1）遵守实训室安全规定	3			
	（2）着装符合规范	3			
	（3）遵守考勤纪律	3			
	（4）保持学习环境干净整洁	3			
	（5）合理规范地使用工具和设备	3			
	（6）具有工作岗位的责任心	3			
	（7）有团队协作能力，主动参与小组讨论	3			
	（8）学习积极主动	3			
	（9）尊敬老师和同学，虚心听取意见	3			
	（10）工作完成后认真清理现场	3			
引导问题完成情况（10分）	（1）能正确使用网络、资料等学习资源	5			
	（2）能按要求回答引导问题	5			
任务完成情况（50分）	（1）能正确理解学习任务的要求	5			
	（2）豉油王蒸生鱼制作实训情况	40			
	（3）能准确完成学习拓展	5			
作业提交（10分）	（1）能按时提交作业	5			
	（2）能按要求提交作业	5			
总分		100			
小组评语及建议	他（她）做到了： 他（她）的不足： 给他（她）的建议：		组长签名： 日期：		
老师评语与建议			评定等级或分数＿＿＿＿ 教师签名： 日期：		

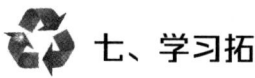 七、学习拓展

（1）如何更加准确判断鱼是否蒸熟？鱼蒸熟后的基本形态是怎样的？

（2）为什么鱼蒸熟以后再淋热油？

学习活动四　鱼片蒸鸡蛋的制作

一、学习目标

完成本学习任务后，你应当具备如下能力：
（1）准确查找蛋蒸的概念与原理；
（2）准确认知蛋奶类食物蒸制的质量要求；
（3）熟练掌握鱼片蒸鸡蛋的制作方法和程序。

二、建议课时

6课时。

三、内容结构（见图13-4-1）

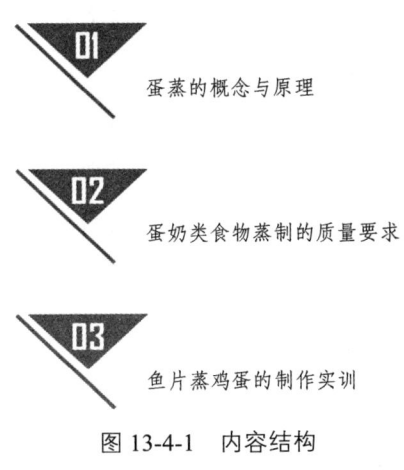

图13-4-1　内容结构

四、引导问题

1. 蛋蒸的概念与原理

蛋蒸是汉族传统美食之一，南方人称之为_____，北方人则称为_____。虽然蛋蒸看起来简单，但需要掌握技巧。水量放太多，易导致_____；蒸得_____，蛋体呈_____。要成功蒸出好吃的水蛋，需要控制好_____、_____、_____和_____。

蛋蒸适宜用_____，因为蛋奶类食物原料_____，慢火能够让蒸出来的成品_____，若使用猛火，蒸出来呈_____。

2. 鱼片蒸鸡蛋菜式的质量要求

（1）_____；
（2）_____；
（3）_____。

3. 营养价值

（1）鸡蛋含有丰富的_____，蛋白质为_____。
（2）鸡蛋富含 DHA 和卵磷脂、卵黄素，对_____有利。

4. 实训准备

（1）实训工具：_____。
（2）实训材料：
原料：_____。
调料：_____。
料头：_____。

五、学习过程

根据教师示范讲解，并开展鱼片加工及鸡蛋蒸制实训，将鱼片蒸鸡蛋的工艺流程及操作过程填入表 13-4-1。

表 13-4-1　鱼片蒸鸡蛋的工艺流程及操作过程

实训品种	鱼片蒸鸡蛋
工艺流程	
操作过程	
操作要领	

六、评价反馈

（1）针对学生鱼片蒸鸡蛋制作的实训情况，填写评价表 13-4-2。

表 13-4-2　鱼片蒸鸡蛋制作实训情况评价表

评价内容	形状外观	肉质状况	菜肴口味	卫生状况	合计
配分	30	30	30	10	100
得分					

（2）针对学生本次学习活动的综合表现，填写学习活动评价表13-4-3。

表 13-4-3　学习活动评价表

考核项目	考核要求	分值	个人评价	组内评价	教师评价
职业素养（30分）	（1）遵守实训室安全规定	3			
	（2）着装符合规范	3			
	（3）遵守考勤纪律	3			
	（4）保持学习环境干净整洁	3			
	（5）合理规范地使用工具和设备	3			
	（6）具有工作岗位的责任心	3			
	（7）有团队协作能力，主动参与小组讨论	3			
	（8）学习积极主动	3			
	（9）尊敬老师和同学，虚心听取意见	3			
	（10）工作完成后认真清理现场	3			
引导问题完成情况（10分）	（1）能正确使用网络、资料等学习资源	5			
	（2）能按要求回答引导问题	5			
任务完成情况（50分）	（1）能正确理解学习任务的要求	5			
	（2）鱼片蒸鸡蛋制作实训情况	40			
	（3）能准确完成学习拓展	5			
作业提交（10分）	（1）能按时提交作业	5			
	（2）能按要求提交作业	5			
总分		100			
小组评语及建议	他（她）做到了： 他（她）的不足： 给他（她）的建议：		组长签名： 日期：		
老师评语与建议			评定等级或分数_____ 教师签名： 日期：		

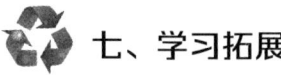

七、学习拓展

查阅资料，分析蒸蛋不用加味精的原理。

学习活动五　豉汁蒸排骨的制作

 一、学习目标

完成本学习任务后，你应当具备如下能力：
（1）准确查找蒸制家畜肉类的技术要点；
（2）准确认知豉汁蒸排骨的质量要求；
（3）熟练掌握豉汁蒸排骨的制作方法和程序。

 二、建议课时

6课时。

三、内容结构（见图 13-5-1）

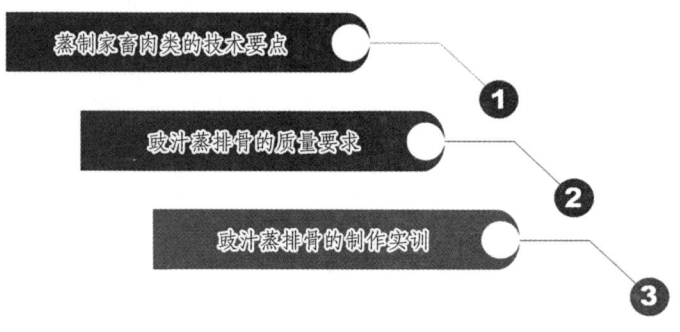

图 13-5-1　内容结构

四、引导问题

1. 蒸制家畜肉类的技术要点

豉汁蒸排骨是典型的_____的菜式，凡是蒸家畜类应用_____来蒸制。同时都要用_____拌均匀，原因是所蒸的肉类都含有_____，用_____拌匀可_____一些水分，蒸熟以后肉色_____。中火蒸制肉质才_____，否则猛火蒸肉质_____、_____，慢火蒸时间长肉质_____。

2. 豉汁蒸排骨的质量要求

（1）_____；
（2）_____；
（3）_____。

3. 营养价值

（1）排骨富含_____，为人类提供_____和_____，可以补充人体所需的营养。

（2）排骨含有大量_____、_____、_____等，可为_____提供钙质。

（3）排骨富含_____、_____等微量元素，可以强健筋骨。

4. 实训准备

（1）实训工具：_____。

（2）实训材料：

原料：_____。

调料：_____。

料头：_____。

五、学习过程

根据教师示范讲解，并开展排骨加工、豉汁调制及豉汁蒸排骨实训，将豉汁蒸排骨的工艺流程及操作过程填入表13-5-1。

表13-5-1 豉汁蒸排骨的工艺流程及操作过程

实训品种	豉汁蒸排骨
工艺流程	
操作过程	
操作要领	

六、评价反馈（见表13-5-2）

（1）针对学生豉汁蒸排骨制作的实训情况，填写评价表13-5-2。

表13-5-2 豉汁蒸排骨制作实训情况评价表

评价内容	形状外观	肉质状况	菜肴口味	卫生状况	合计
配分	30	30	30	10	100
得分					

（2）针对学生本次学习活动的综合表现，填写学习活动评价表13-5-3。

表 13-5-3　学习活动评价表

考核项目	考核要求	分值	个人评价	组内评价	教师评价
职业素养 （30分）	（1）遵守实训室安全规定	3			
	（2）着装符合规范	3			
	（3）遵守考勤纪律	3			
	（4）保持学习环境干净整洁	3			
	（5）合理规范地使用工具和设备	3			
	（6）具有工作岗位的责任心	3			
	（7）有团队协作能力，主动参与小组讨论	3			
	（8）学习积极主动	3			
	（9）尊敬老师和同学，虚心听取意见	3			
	（10）工作完成后认真清理现场	3			
引导问题 完成情况 （10分）	（1）能正确使用网络、资料等学习资源	5			
	（2）能按要求回答引导问题	5			
任务完成 情况 （50分）	（1）能正确理解学习任务的要求	5			
	（2）豉汁蒸排骨制作实训情况	40			
	（3）能准确完成学习拓展	5			
作业提交 （10分）	（1）能按时提交作业	5			
	（2）能按要求提交作业	5			
总分		100			
小组评语 及建议	他（她）做到了： 他（她）的不足： 给他（她）的建议：		组长签名： 日期：		
老师评语 与建议			评定等级或分数_____ 教师签名： 日期：		

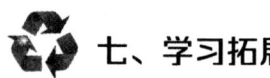

七、学习拓展

查阅资料，分析蒸制出来的排骨口感很"霉木"的原因。

学习活动六　花旗参炖乌鸡、杏元凤爪炖水鱼的制作

一、学习目标

完成本学习任务后，你应当具备如下能力：
（1）准确查找分炖法的概念及质量要求；
（2）准确查找分炖法的工艺程序；
（3）熟练掌握花旗参炖乌鸡、杏元凤爪炖水鱼的制作方法。

二、建议课时

6课时。

三、内容结构（见图13-6-1）

① 分炖法的概念及质量要求

② 分炖法的工艺程序

③ 花旗参炖乌鸡、杏元凤爪炖水鱼的制作实训

图13-6-1　内容结构

四、引导问题

1. 分炖法的概念及质量要求

炖是指将原料放入_____内，加入_____或_____，加盖，用_____长时间加热，调味后成为_____的烹调法。

分炖法是指一个炖品的原料分为_____，炖好后再_____的方法。

分炖法成品的质量要求_____、_____、_____。

2. 查阅资料，绘制出分炖法的工艺程序图

3. 营养价值

（1）花旗参能_____、_____、_____。乌鸡含有人体不可缺少的_____、_____、_____，有相当高的滋补药用价值，特别是富含_____，有_____等作用。

（2）甲鱼俗称水鱼，其营养丰富，含有_____，是不可多得的滋补品。杏仁分为_____、_____。苦杏仁能_____、_____，可治疗肺病、咳嗽等疾病。甜杏仁和日常吃的干果大杏仁偏于_____，有一定的补肺作用。

4. 实训准备

（1）实训工具：_____。

（2）花旗参炖乌鸡实训材料：

原料：_____。

调料：_____。

料头：_____。

（3）杏元凤爪炖水鱼实训材料：

原料：_____。

调料：_____。

料头：_____。

五、学习过程

（1）根据教师示范讲解，并开展花旗参炖乌鸡实训，将工艺流程及操作过程填入表 13-6-1。

表 13-6-1　花旗参炖乌鸡的工艺流程及操作过程

实训品种	花旗参炖乌鸡
工艺流程	
操作过程	

（2）根据教师示范讲解，并开展杏元凤爪炖水鱼实训，将工艺流程及操作过程填入表 13-6-2。

表 13-6-2　杏元凤爪炖水鱼的工艺流程及操作过程

实训品种	杏元凤爪炖水鱼
工艺流程	
操作过程	

六、评价反馈

（1）针对学生花旗参炖乌鸡制作的实训情况，填写评价表 13-6-3。

表 13-6-3　花旗参炖乌鸡制作实训情况评价表

评价内容	造型外观	肉质状况	菜肴口味	卫生状况	合计
配分	30	30	30	10	100
得分					

（2）针对学生杏元凤爪炖水鱼制作的实训情况，填写评价表 13-6-4。

表 13-6-4　杏元凤爪炖水鱼制作实训情况评价表

评价内容	造型外观	肉质状况	菜肴口味	卫生状况	合计
配分	30	30	30	10	100
得分					

（3）针对学生本次学习活动的综合表现，填写学习活动评价表 13-6-5。

表 13-6-5　学习活动评价表

考核项目	考核要求	分值	个人评价	组内评价	教师评价
职业素养 （30分）	（1）遵守实训室安全规定	3			
	（2）着装符合规范	3			
	（3）遵守考勤纪律	3			
	（4）保持学习环境干净整洁	3			
	（5）合理规范地使用工具和设备	3			
	（6）具有工作岗位的责任心	3			
	（7）有团队协作能力，主动参与小组讨论	3			
	（8）学习积极主动	3			
	（9）尊敬老师和同学，虚心听取意见	3			
	（10）工作完成后认真清理现场	3			
引导问题 完成情况 （10分）	（1）能正确使用网络、资料等学习资源	5			
	（2）能按要求回答引导问题	5			
任务完成 情况 （50分）	（1）能正确理解学习任务的要求	5			
	（2）花旗参炖乌鸡、杏元凤爪炖水鱼制作实训情况	40			
	（3）能准确完成学习拓展	5			
作业提交 （10分）	（1）能按时提交作业	5			
	（2）能按要求提交作业	5			
	总分	100			
小组评语 及建议	他（她）做到了： 他（她）的不足： 给他（她）的建议：		组长签名： 日期：		
老师评语 与建议			评定等级或分数_____ 教师签名： 日期：		

七、学习拓展

查阅资料,分析杏元凤爪炖水鱼中桂圆肉以及凤爪的营养功效,以及此药膳适用于哪类人群。

学习活动七 淮杞炖乳鸽、瑶柱田鸡炖节瓜盅的制作

一、学习目标

完成本学习任务后,你应当具备如下能力:
(1)准确查找原炖法的概念及质量要求;
(2)准确查找原炖法的工艺程序;
(3)熟练掌握淮杞炖乳鸽、瑶柱田鸡炖节瓜盅的制作方法。

 二、建议课时

6课时。

 三、内容结构(见图13-7-1)

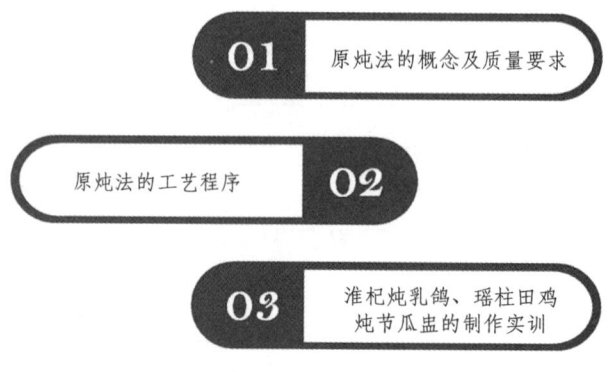

图13-7-1 内容结构

四、引导问题

1. 原炖法的概念及质量要求

原炖法是指一个炖品的原料_____，也可称为_____。原炖法制作简便，能保持原料的_____，但不易掌握汤水_____，成品中肉料与配料_____、_____，造型稍差。

2. 查阅资料，绘制出原炖法的工艺程序图

3. 营养价值

（1）淮山也称为_____，属于_____类蔬菜，具有_____、_____的功效，有一定的药用价值。枸杞具有多种保健功效，是卫生部批准的_____。枸杞还含有丰富的_____，多种和_____，_____等保护眼睛的必需营养物质，故有明目之功效。

（2）瑶柱就是俗称的_____，是_____（贝壳类动物）的柱头肉，具有_____的功效。节瓜又名_____，是_____的一个变种。瓜肉质柔滑、清淡，在瓜类蔬菜中，其_____和_____含量都较低，常吃可以起到_____的作用。它还具有_____等功效，是炎热夏季的理想蔬菜。

4. 实训准备

（1）实训工具：_____。

（2）淮杞炖乳鸽实训材料：

原料：_____。

调料：_____。

料头：_____。

（3）瑶柱田鸡炖节瓜盅实训材料：

原料：_____。

调料：_____。

料头：_____。

五、学习过程

（1）根据教师示范讲解，并开展淮杞炖乳鸽实训，将工艺流程及操作过程填入表13-7-1。

表13-7-1　淮杞炖乳鸽的工艺流程及操作过程

实训品种	淮杞炖乳鸽
工艺流程	
操作过程	

（2）根据教师示范讲解，并开展瑶柱田鸡炖节瓜盅实训，将工艺流程及操作过程填入表13-7-2。

表13-7-2　瑶柱田鸡炖节瓜盅的工艺流程及操作过程

实训品种	瑶柱田鸡炖节瓜盅
工艺流程	
操作过程	

六、评价反馈

（1）针对学生淮杞炖乳鸽制作的实训情况，填写评价表13-7-3。

表13-7-3　淮杞炖乳鸽制作实训情况评价表

评价内容	造型外观	肉质状况	菜肴口味	卫生状况	合计
配分	30	30	30	10	100
得分					

（2）针对学生瑶柱田鸡炖节瓜盅制作的实训情况，填写评价表13-7-4。

表13-7-4　瑶柱田鸡炖节瓜盅制作实训情况评价表

评价内容	造型外观	肉质状况	菜肴口味	卫生状况	合计
配分	30	30	30	10	100
得分					

（3）针对学生本次学习活动的综合表现，填写学习活动评价表13-7-5。

表13-7-5 学习活动评价表

考核项目	考核要求	分值	个人评价	组内评价	教师评价
职业素养（30分）	（1）遵守实训室安全规定	3			
	（2）着装符合规范	3			
	（3）遵守考勤纪律	3			
	（4）保持学习环境干净整洁	3			
	（5）合理规范地使用工具和设备	3			
	（6）具有工作岗位的责任心	3			
	（7）有团队协作能力，主动参与小组讨论	3			
	（8）学习积极主动	3			
	（9）尊敬老师和同学，虚心听取意见	3			
	（10）工作完成后认真清理现场	3			
引导问题完成情况（10分）	（1）能正确使用网络、资料等学习资源	5			
	（2）能按要求回答引导问题	5			
任务完成情况（50分）	（1）能正确理解学习任务的要求	5			
	（2）淮杞炖乳鸽、瑶柱田鸡炖节瓜盅制作实训情况	40			
	（3）能准确完成学习拓展	5			
作业提交（10分）	（1）能按时提交作业	5			
	（2）能按要求提交作业	5			
	总分	100			
小组评语及建议	他（她）做到了： 他（她）的不足： 给他（她）的建议：	组长签名： 日期：			
老师评语与建议		评定等级或分数_____ 教师签名： 日期：			

七、学习拓展

查阅资料，分析淮杞炖乳鸽、瑶柱田鸡炖节瓜盅两种药膳的营养功效，以及分别适用于哪类人群。

学习活动八　西洋菜煲生鱼汤、节瓜章鱼煲猪蹄汤的制作

一、学习目标

完成本学习任务后，你应当具备如下能力：
（1）准确查找煲烹调法的概念及质量要求；
（2）准确查找煲烹调法的工艺程序；
（3）熟练掌握西洋菜煲生鱼汤、节瓜章鱼煲猪蹄汤的制作方法。

二、建议课时

6课时。

三、内容结构（见图13-8-1）

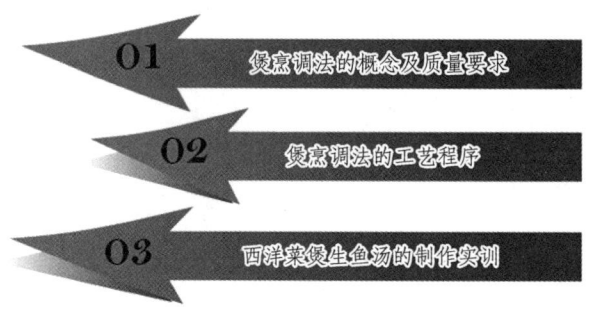

图13-8-1　内容结构

四、引导问题

1. 煲烹调法的概念及质量要求

煲是指煲汤，是将_____和_____放进瓦汤煲内，用_____长时间加热，经过调味，制成_____、_____、_____的汤菜的烹调方法。

煲汤一年四季均可，夏秋季节宜煲_____、_____的汤；冬春季节汤水可偏于_____、_____。

2. 查阅资料，绘制出煲烹调法的工艺程序图

3. 营养价值

（1）西洋菜属于_____类蔬菜，其营养物质比较全面。其中_____的含量很高，还含有丰富的_____及_____，具有_____、_____、_____等功效。

（2）生鱼又称_____，鱼肉中含有丰富的_____及_____、18 种_____等，还含有人体必需的_____、_____、_____及多种维生素。在我国南方地区，尤其是在两广和港澳地区，生鱼汤一向被视为_____及_____康复、_____的滋补珍品。

（3）猪蹄中的_____在烹调过程中可转化成_____，它能结合许多水，从而有效改善机体生理功能和皮肤组织细胞的_____，防止皮肤过早褶皱，延缓_____。猪蹄含丰富的_____，可促进毛皮生长，预防进行性肌营养不良症，使_____和_____得到改善，对消化道出血、失水性休克有一定的疗效。

4. 实训准备

（1）实训工具：_____。

（2）西洋菜煲生鱼汤实训材料：

原料：_____。

调料：_____。

料头：_____。

（3）节瓜章鱼煲猪蹄汤实训材料：

原料：_____。

调料：_____。

料头：_____。

五、学习过程

（1）根据教师示范讲解，并开展西洋菜煲生鱼汤实训，将工艺流程及操作过程填入表 13-8-1。

表 13-8-1　西洋菜煲生鱼汤的工艺流程及操作过程

实训品种	西洋菜煲生鱼汤
工艺流程	
操作过程	

（2）根据教师示范讲解，并开展节瓜章鱼煲猪蹄汤实训，将工艺流程及操作过程填入表 13-8-2。

表 13-8-2 节瓜章鱼煲猪蹄汤的工艺流程及操作过程

实训品种	节瓜章鱼煲猪蹄汤
工艺流程	
操作过程	

六、评价反馈

（1）针对学生西洋菜煲生鱼汤制作的实训情况，填写评价表 13-8-3。

表 13-8-3 西洋菜煲生鱼汤制作实训情况评价表

评价内容	造型外观	肉质状况	菜肴口味	卫生状况	合计
配分	30	30	30	10	100
得分					

（2）针对学生节瓜章鱼煲猪蹄汤制作的实训情况，填写评价表 13-8-4。

表 13-8-4 节瓜章鱼煲猪蹄汤制作实训情况评价表

评价内容	造型外观	肉质状况	菜肴口味	卫生状况	合计
配分	30	30	30	10	100
得分					

（3）针对学生本次学习活动的综合表现，填写学习活动评价表 13-8-5。

表 13-8-5 学习活动评价表

考核项目	考核要求	分值	个人评价	组内评价	教师评价
职业素养（30分）	（1）遵守实训室安全规定	3			
	（2）着装符合规范	3			
	（3）遵守考勤纪律	3			
	（4）保持学习环境干净整洁	3			
	（5）合理规范地使用工具和设备	3			
	（6）具有工作岗位的责任心	3			
	（7）有团队协作能力，主动参与小组讨论	3			
	（8）学习积极主动	3			
	（9）尊敬老师和同学，虚心听取意见	3			
	（10）工作完成后认真清理现场	3			

续表

考核项目	考核要求	分值	个人评价	组内评价	教师评价
引导问题完成情况（10分）	（1）能正确使用网络、资料等学习资源	5			
	（2）能按要求回答引导问题	5			
任务完成情况（50分）	（1）能正确理解学习任务的要求	5			
	（2）西洋菜煲生鱼汤、节瓜章鱼煲猪蹄汤制作实训情况	40			
	（3）能准确完成学习拓展	5			
作业提交（10分）	（1）能按时提交作业	5			
	（2）能按要求提交作业	5			
总分		100			
小组评语及建议	他（她）做到了： 他（她）的不足： 给他（她）的建议：		组长签名： 日期：		
老师评语与建议			评定等级或分数_____ 教师签名： 日期：		

七、学习拓展

查阅资料，写出两例以生鱼为原料的菜式，并分析其营养功效。

参考文献

[1] 熊敏. 烹饪器具与设备[M]. 北京：科学出版社，2009.
[2] 冯胜文. 烹饪原料学[M]. 上海：复旦大学出版社，2011.
[3] 黄明超. 中式烹饪工艺[M]. 北京：中国劳动社会保障出版社，2012.
[4] 谭小敏. 中式烹饪工艺实训[M]. 北京：中国劳动社会保障出版社，2012.